青鸟新知

青鸟
新知

# 寻踪国宝

## 走 近 大 熊 猫 家 族

江苏凤凰科学技术出版社·南京

胡锦矗 胡 晓——主编

**图书在版编目（CIP）数据**

寻踪国宝：走近大熊猫家族 / 胡锦矗，胡晓主编．
— 南京：江苏凤凰科学技术出版社，2023.9
ISBN 978-7-5713-3382-9

Ⅰ．①寻… Ⅱ．①胡… ②胡… Ⅲ．①大熊猫-青少
年读物 Ⅳ．① Q959.838-49

中国国家版本馆 CIP 数据核字 (2023) 第 002523 号


**寻踪国宝——走近大熊猫家族**

| | | |
|---|---|---|
| 主　　　　编 | 胡锦矗　胡　晓 | |
| 策　　　　划 | 傅　梅 | |
| 责 任 编 辑 | 杜勇卫 | |
| 助 理 编 辑 | 陈修花 | |
| 责 任 校 对 | 仲　敏 | |
| 责 任 监 制 | 刘　钧 | |

| | |
|---|---|
| 出 版 发 行 | 江苏凤凰科学技术出版社 |
| 出版社地址 | 南京市湖南路 1 号 A 楼，邮编：210009 |
| 编 读 信 箱 | skkjzx@163.com |
| 照　　　　排 | 江苏凤凰制版有限公司 |
| 印　　　　刷 | 南京新洲印刷有限公司 |

| | |
|---|---|
| 开　　　　本 | 718 mm×1 000 mm　1/16 |
| 印　　　　张 | 14.75 |
| 插　　　　页 | 4 |
| 字　　　　数 | 330 000 |
| 版　　　　次 | 2023 年 9 月第 1 版 |
| 印　　　　次 | 2023 年 9 月第 1 次印刷 |

| | |
|---|---|
| 标 准 书 号 | ISBN 978-7-5713-3382-9 |
| 定　　　　价 | 68.00 元 |

图书如有印装质量问题，可随时向我社印务部调换。联系电话：025-83657629

# 给科普工作插上翅膀

科学普及工作越来越受到政府和全社会的重视，这一点是不容置疑的。《中华人民共和国科学技术普及法》的颁布和实施，使得科普工作有法可依，《全民科学素质行动计划纲要》的颁布，使得科普工作的目标和实施步骤更加明确了。随着时代的不断进步，我国科普工作的内涵得到了进一步拓展，同时对科普工作也有了更高的要求，我国的科普工作已经进入一个新的发展时期。

科普工作很重要的方面是要提高全民的科学素养，这就要求科普工作者在向广大群众普及科学和技术知识的同时，大力弘扬科学精神、传播科学思想、倡导科学方法。在科学技术日益发达的今天，公众的科学素养已经是世界上许多国家都非常重视的问题。对个人来说，它关系到每个人在现代社会中的发展和生存质量；对国家而言，提高公民科学素养对于提高国家自主创新能力、建设创新型国家、实现经济社会全面协调可持续发展、构建社会主义和谐社会，都具有十分重要的意义。

科普工作不是某些个人和团体的自发和业余行为，而是国家政府的事业和全社会的工程，需要政府积极引导、社会广泛参与、市场有效推动，同时还需要一支专业化的科学普及队伍。

科学普及和科学研究两者是互补的，缺一不可。科学研究工作是在科学技术的前沿不断探索突破，科学普及是让全社会尽快地理解和运用科学研究的成果。没有科学研究，将无所普及；没有广泛的普及，科学研究将失去其根本意义，科学研究也将得不到社会的最广泛支持和认同。科学家的主要工作当然是进行科学研究，但是科学家也有义务进行科普工作，促进公众对科学的理解，要充分认识到与公众交流的重要性。科学家应该愿意并且善于和媒体及公众进行沟通和交流，主动积极地把自己的科学见解和科学发明，以及科学上存在的问题告诉广大的群众。同时，公众有权利了解科学的真相，并以各种形式参与到科普行动中，分享科学研究的成果，掌握科学的方法，理解科学所能给人类带来的各种影响。

科普工作需要科学界和传媒界之间增强交流合作。大众传媒如广播、电视、新闻报刊、出版、网络媒体等，是现今面向社会公众的主要科普渠道。在以网络为代表的现代传媒飞速发展的今天，传统的科普图书仍然有其无可替代的独特魅力。阅读一本好的科普图书所带来的启迪和乐趣，有时让人终生难忘。同时，科普图书在表达作者观点和思想方面，也有着无法替代的功能。我们要重视科普图书的创作，更要重视推广科普图书。好的科普作品通常都具备以下几条：首先是实事求是，科学公正地反映科学上的发明发现；其次是要有很强的思想性，能够大力宣扬实事求是的科学精神，弘扬不畏艰险、勇于创新、积极向上的科学态度；最后就是能够引人入胜，生动有趣。国内外许多著名的科学家都积极从事科普图书的创作，比如我们大家所熟知的霍金、卡尔·萨根、高士其、华罗庚等。他们的科普工作，同样得到社会的广泛承认和尊重。

科普工作是一项创造性劳动，需要坚实的科学功底，更需要一定的写作技巧，还要投入极大的热情和花费很多时间。所以，从事科普工作的人员都要有奉献精神。如果我们的科学家们都能认识到他们肩负着向公众普及科学的重任，在自己力所能及的条件下，努力写出一些优秀生动的科普作品，我国的科普事业必定能更上一层楼。

江苏凤凰科学技术出版社长期以来一直重视科普图书的出版工作，他们一方面从国外引进优秀的科普图书，同时也注重出版原创的科普图书，鼓励国内的科学家积极投身科普创作。本丛书从众多国外优秀的科普图书当中精选出来一些作品，同时也有我们国内科学家的原创作品，都很精彩。这套书突出了生态意识，关注生命的本质，很有时代特色和现实意义，也很有代表性。希望江苏凤凰科学技术出版社能够不断出版更多优秀的作品，使这套书更加丰富多彩。

但愿科普工作能插上翅膀，为全社会多传递一些科普的信息。

周光召

# Reprint the preface

## 再版序

    大熊猫属食肉目大熊猫科。大熊猫从分类上讲属于哺乳纲食肉目动物，但其食性却高度特化，主要以竹子为食。据考证，大熊猫的古代名称有貘、白豹、铁豹、驺虞等。在200多万年前的更新世早期到100万年前的更新世中、晚期，大熊猫已经广布于我国南部，组成了大熊猫—剑齿象动物群。今天该动物群的许多种已经绝灭，而大熊猫却生存了下来，所以大熊猫有"活化石"之称，同时也是生物多样性保护的旗舰种。

    大熊猫在几百万年间由盛而衰，以至濒临绝灭境地。究其原因，除了外界环境的恶化，也有自身繁殖能力方面的问题。在各种不利因素中，其内在原因是食性、繁殖能力和育幼行为的高度特化；外在原因则是栖息环境受到破坏，呈互不联系的孤岛状，导致种群分割、近亲繁殖、物种退化，再加上主要食物竹子的周期性开花死亡、人为地捕捉猎杀、天敌危害、疾病困扰，这就构成了对大熊猫生存的严重威胁，使其面临濒危的境地。

    大熊猫以极为稀少的数量侥幸存世的局面引起了世人的深切忧虑和关注，它未来的命运牵动着亿万中国人民的心弦。在中国政府和有关国际组织的支持下，经过中外专家多年的努力，大熊猫的保护工作取得了可喜的成绩，在2016年公布的《世界自然保护联盟濒危物种红色名录》（IUCN）中，大熊猫濒危程度已降级为易危，并且举世瞩目的2008年北京奥运会和2022年北京冬奥会都以其为原型设计了吉祥物。

    目前全国建立的与保护大熊猫相关的自然保护区有67个，现在已经有53.8%的大熊猫栖息地和66.8%的野外大熊猫种群被纳入自然保护区内，得到了较好的保护。大熊猫国家公园体制试点工作也取得了积极的成效，1340只大熊猫被纳入大熊猫国家公园进行保护，占全国野生大熊猫种群总数量的71.89%。大熊猫种群数量下降的趋势已基本得到控制，有的保护区的大熊猫种群数量还略有增长，但形势依然严峻。

根据最新的普查结果，全国野生大熊猫的种群数量为1864只，除生活在野外的大熊猫外，还有673只生活在动物园和饲养场，其中卧龙大熊猫繁育中心、北京动物园和成都大熊猫繁育研究基地的大熊猫种群数量较多。此外，国外动物园中的大熊猫数量也达到了69只。

现今野生的大熊猫仅存于中国西部6个山系的部分地区，它们分别是岷山、邛崃山、大相岭、小相岭、凉山和秦岭，在行政区划上，这些大熊猫分布区位于四川、甘肃和陕西3省。目前分散在各个山系的大熊猫面临被分割成小种群的危险。我国大熊猫野外种群一旦出现互不联系的孤岛状小种群，大熊猫濒临灭绝的趋势仍将不可逆转。为了解决大熊猫栖息地碎片化、孤岛化问题和进一步扩大大熊猫的栖息地，并在各大熊猫保护区之间建立走廊带，使大熊猫自然保护区真正成为一个整体，以及解决保护管理机构设置分散、规划范围交叉重叠等问题，2017年1月，中共中央办公厅、国务院办公厅正式印发《大熊猫国家公园体制试点方案》，全面启动大熊猫国家公园体制试点工作。这是我国首次以"伞护种"保护生物多样性进行国家公园体制试点，试点区域涉及四川、陕西、甘肃3省。试点规划中的大熊猫国家公园四川片区面积约2万平方千米，约占国家公园总面积的74%，涉及多个市州及各类自然保护地。

胡锦矗教授用毕生精力致力于大熊猫的科学研究，是国内外公认的大熊猫研究专家，先后主持和参与多项与大熊猫有关的科研工作，积累了关于大熊猫大量的重要数据和文献资料。胡锦矗教授将以往研究成果加以整理编写本书，对于面向公众普及大熊猫的知识，唤起人们对大熊猫的保护意识，着实做了一项非常有意义的事情。

本书图文并茂、内容丰富、结构清晰，涉及大熊猫生物学、生态学、进化生物学、保护生物学研究成果的方方面面，展现了作者深厚的文化底蕴。本书不仅是一本不可多得的科普著作，同时也是有着相当权威的有关大熊猫研究的资料库。本书的出版是对大熊猫研究的系统总结和回顾，同时也为未来的大熊猫研究提供了可借鉴的资料和理论基础，值得阅读并收藏。

中国工程院院士、东北林业大学教授

2023年6月

# Preface

## 序

　　我的老友，本书作者胡锦矗教授，从20世纪70年代开始组织四川省大熊猫资源调查研究，迄今已有30多年。其间，他曾与世界自然基金会（WWF）的专家代表乔治·夏勒博士（G.B.Schaller）等进行过5年的国际合作，对四川大熊猫的分布、栖息地、种群数量、繁殖、食性和行为等做了深入的研究。在充分掌握第一手资料的基础上，已出版《卧龙的大熊猫》（1985）、《大熊猫生物学研究与进展》（1990）、《熊猫的风采》（1990）、《大熊猫研究》（2001）、《追踪大熊猫的岁月》（2005）等多本著作。最近，他又应江苏凤凰科学技术出版社之邀，编写了《寻踪国宝——走近大熊猫家族》一书。

　　在本书中，胡锦矗教授介绍了他在青少年时代接触自然所受到的启迪和在学校求学期间老师对他的影响，并将几十年来在巴山蜀水风风雨雨的艰难考察历程中，发现的大熊猫在四川岷山、邛崃山、相岭和凉山的食性、活动、生活和繁殖等生存现状，以及大熊猫与人之间的趣闻轶事展现在读者的面前，反映了野生环境下大熊猫的真实生活，同时得以与上述各种著作互为补充而相得益彰。

　　全书内容包括：大自然启迪与恩师影响、踏破岷山、重返邛崃山、南下凉山、五一棚大熊猫观察站、国际合作、对各山系大熊猫生态观察所得大熊猫生存状况的比较分析等。内容丰富翔实，图文并茂，深入浅出，突出了生态学研究和对大熊猫保护工作的重要成就，以及近年来的研究成果。我相信这本书一定能激发人们的保护意识，促使人们更加关注大自然、热爱大自然，维护好大自然与人的和谐关系，这将使我感到莫大的欣慰！故我乐于为此书作序。

中国科学院院士

2008年7月

# Foreword

## 前言

　　1869年，法国神父戴维（A.David）在法国国家自然历史博物馆的新闻简报上介绍了他在中国四川穆平（今宝兴县）获得的两件奇兽标本和其形态特征，并将其命名为"黑白熊"（*Ursus melanoleucus* A.David）。后经研究，这种奇兽的牙齿和脚更像小熊猫，于是将它改名为大熊猫（*Ailuropoda melanoleuca* David），英文写作Giant panda，沿用至今。此后的一百多年以来，虽然有些动物学家对流落国外的一些大熊猫标本也做过某些研究，但对大熊猫在自然界的生活状况仍然所知甚少。

　　大熊猫因其拥有惹人喜爱的外表，在世界各国备受欢迎。目前，出租大熊猫已经成为中国独特的外交方式。大熊猫代表着中国的形象，是中华文化的传递者，出租大熊猫代表外交深化。中华人民共和国成立后，中国先后两次赠送大熊猫给苏联，到了20世纪70年代初，还派出了大熊猫"玲玲"和"兴兴"前往美国，自此国际上兴起一股大熊猫热潮。中国先后租借大熊猫给日本、英国、法国、比利时和荷兰等国家。在20世纪70 年代初，我国开始了历史上第一次有领导、有组织、有计划的大熊猫调查研究工作。这本《寻踪国宝——走近大熊猫家族》就是作者自20世纪70年代以来参加大熊猫野外调查研究的生动写照。

《说文解字》曰："幽者，隐也。"胡锦矗教授通过本书向世人揭示了大熊猫在自然界的隐秘生活。半个世纪以来，胡锦矗教授孜孜以求、跋山涉水、披星戴月，奔波在大熊猫活动的山区，考察、探寻大熊猫一年四季是怎样生活的：它们吃什么，怎样婚配、怀孕和生小崽。这段科研经历披露了许多过去不为人知的大熊猫的独特生活。

经过多年的野外调查研究，根据全国第四次大熊猫调查结果，我国大熊猫的数量和分布情况现已基本查明，它们分布在我国中西部的6大山区（四川、甘肃、陕西3省的50个县）。

大熊猫分布数量表

| 山系 | 栖息面积/平方千米 | 县数 | 数量/只 |
|---|---|---|---|
| 秦岭 | 3719.15 | 8 | 347 |
| 岷山 | 9713.19 | 14 | 797 |
| 邛崃山 | 6887.59 | 12 | 528 |
| 大相岭 | 1228.69 | 5 | 38 |
| 小相岭 | 1193.64 | 3 | 30 |
| 凉山 | 3023.69 | 8 | 124 |
| 总计 | 25765.95 | 50 | 1864 |

注：表中数据摘自全国第四次大熊猫调查报告。

这个结果来之不易，是多年来许多人辛勤汗水的凝结。

过去十余年间，我国政府实施的天然林保护、退耕还林等重大林业保护工程对大熊猫分布区的生态保护起到了关键性的作用。自全国第三次大熊猫调查以来，世界自然基金会（WWF）积极协助我国政府建立大熊猫自然保护区，推动保护网络建设并开展巡护监测，有效保护了更大面积的大熊猫栖息地，提高了整体保护管理能力。

胡锦矗教授在本书中以生动写实的笔法或略或详地记录了这些考察研究过程。最后，胡锦矗教授比较具体地介绍了五一棚、白熊坪、大风顶、相岭冶勒等大熊猫观察站的情况，希望有志趣的读者在方便时可以到实地去看一看，亲身体验一下国宝大熊猫的生活环境，激发自己对大自然的感悟，这也许是人生一大快事！

原中国兽类学会副理事长、教授

马逸清

2023年6月

# CONTENTS

## 目录

# 第一章

# 大自然的启迪

　　我出生在四川省开江县永兴乡，开江县地处大巴山的南麓，境内地势四周高，中部较低，地貌以山地、丘陵为主，有少量平坝。永兴乡位于开江县的北部，为丘陵向大巴山南麓宣汉梁子的过渡地带。

　　开江县为达州市所辖，东邻重庆市开县，面积仅 1032 平方千米，是一个小县，仅为卧龙自然保护区面积的一半大。

　　大约在几千万年前，海拔 1000 多米的龙王堂、黑天池涌出一股冰清玉洁的泉水，经凉水井从崇山峻岭间弯弯曲曲奔泻而下，得名新宁河，旧时曾以此河建县名新宁县，后因与湖南省新宁县同名而更名为开江县。"开江"有水流穿过县境的含义。

　　我的家乡位于县城以北约 15 千米的新宁河谷，河的南北均为山地。童年时山上有郁郁葱葱、高矮参差、疏密相间的森林、灌丛、草坡。林中深处藏着虎、豹、熊、林麝，灌丛中有长尾雉和金鸡，草丛中有各种各样的药材和千姿百态的山花，水中有大鲵和各种游鱼。

　　孔子曰："智者乐水，仁者乐山。"我虽非智者，尚不懂仁，却自幼喜欢山水。我生长在新宁河边，所以到河中去玩水、游泳也是常事，这期间，我也初步领略了"近水知鱼性"，我喜欢到深潭的石隙中捉深水鱼，在静水中捕卧于沙里的鱼，在夜间捕喜光的鱼，在山洪暴发时捞窜水鱼，真可谓"鱼我所欲也"！

山也乐，因为绿水源于青山。这里山峦叠嶂，森林茂密，为陆栖动物提供了栖息场所和丰富的食物资源，成为陆栖动物生存繁衍的家园，地下还蕴藏着煤、铁等矿产，物华天宝。这里空气清新，气候温凉宜人，四季流水淙淙，幽静安宁，天人合一，充满了诗情画意，启迪着人们对大自然的回归。

少年时我在本乡读初小，接触的自然是门前的河流和附近的小山丘，寒暑假则跟随一个亲戚，在村前屋后的林中打猎鹌鸡飞鸠。我特别喜欢小斑鸠，托人捕捉到后，将油菜籽等含入口中，小斑鸠会在口中取食。在灌丛中常能听到"别作怪，别作怪"啼叫的竹鸡。我也曾喂过小竹鸡，据说喂它要保温。因此，我常将小竹鸡放置在小口袋中，挂到胸前，让它感受人的温暖。家中喂养着鸽子，我喜欢观察它们的作息情况：什么时候在高空飞翔、饮水和吃食。鸽子每次产两枚蛋，若偷取一枚它会补下一枚，但次数多了则不灵。由于迷恋这些和贪玩，我读初小时成绩很差，也留过级。

> 红腹锦鸡。

004

读高小时我被堂兄锦万带到县城小学寄宿，学校管教很严，平时不准迈出校门。每逢星期日可以回家，步行有两条路：一条较曲沿河而行，另一条较直爬山而归，颇有山水乐趣。

在县城寄宿读高小时，我被严加管教，于是我开始集中精力学习，功夫不负有心人，通过两年的学习，我取得了优异的成绩，毕业时在全县会考中取得了第二名，直接被送到全县唯一的县立初级中学。

初中的同学来自全县，因此我认识的同学更多了。每逢寒暑假，我常邀约一些要好的同学，游玩全县的风景名胜。

我高中就读于四川省立万县中学（今重庆市万州第一中学），翻过一座界山经过开县，再翻过一座大山到达万县，每年往返2次，尝尽了山山水水。四川省立万县中学（今重庆市万州第一中学）是抗日战争期间建立的，学校建在距县城约15千米的淘河附近，以躲避日本飞机的轰炸。以水为界，淘河以北为女生部，以南为男生部。男生和女生只有早晚升降旗时才在操场相聚，界线分明。学校里有一河堤，高约一人，我每天早晨都到那堤下冲冷水浴，晚饭后常沿河在郊野散步。有时隔河在一个小山包上，男生和女生遥遥相对，你一个我一个对唱。星期日我很少进城，而是邀约几个好友登山，如万县有名的铁凤山，大自然总是不断地给我以启迪。

**古时对大熊猫的记述**

考古学家在湖北秭归发现一处4000多年前的以大熊猫为殉葬品的陵墓；2000多年前，汉文帝的母亲薄太后的陵墓也用大熊猫头骨作为殉葬品，说明了古时人们对大熊猫的崇拜。

古时的人们如何称呼大熊猫呢？不少学者从古籍中考证，貔貅、貘、驺虞可能是大熊猫的古名。司马迁在《史记·五帝本纪》中曾提到貔貅；3000多年前西周的《尚书》《诗经》分别记述了"如虎如貔""献其貔皮"，后者还提到了"驺虞"；2700多年前的《山海经》和2000多年前的《尔雅》记述了"貘"，这些古籍注疏貔貅、貘、驺虞的共同点是似熊，黑白色。

# 第二章

# 影响人生的恩师

初中、高中、大学，我聆听着恩师们的教诲，他们不仅教给了我许多学问，更教会了我如何做人，以及严谨地对待科学研究的态度。他们影响了我的一生。

> 大熊猫幼仔。

我在读初中和高中时，有两位老师对我影响很深。一位是毕业于北京师范大学的曾孟久老师，初中时他是开江县立中学堂（今四川省开江中学）的校长，他除了严格管教学生，也很关心学生的健康成长。他实施的训育方针"勤运动、均劳力、慎寒暖、节饮食"，深深影响着我的一生。初中开始我每天坚持洗冷水浴、打太极拳，一直坚持了几十年，并养成了有节律的生活习惯，使自己迄今虽年近九旬，尚可称身健体康，无不受益于这位德高望重的恩师。

另一位是随曾老师从开县到万县任教国文课的杜庆朴老师，他毕业于当时的国立武汉大学（今武汉大学）国文系，他教书从不用课本，而是选取《古文观止》和一些有名的诗词来教，这些诗词多属于模山范水、吟咏风月的文章；同时他也引导我们发奋求学，胸怀宽广，闲则乐山乐水，注重精神调养，保持乐观情操。

大学本科我就读于在重庆北碚的乡村建设学院，1950年乡村建设学院改名为川东教育学院，1951年我就读川东教育学院教育行政系，1952年因院系调整，教育行政系被并入西南师范学院（今西南大学）教育系，1954年我转系于西南师范学院（今西南大学）的生物学系，该系主任为施白南教授，他毕业于北京师范大学，1949年前任中国西部科学院动物部主任，曾在四川马边、雷波、屏山、凉山等地带进行过多年大型动物及鱼类采集调查研究，野外工作经验十分丰富，之后深入研究鱼类学，是著名的鱼类学家。我们的师生关系很好。1955年，我从生物学系毕业后，他推荐我考北京师范大学的研究生。1957年，我研究生毕业，他又亲自到北京师范大学联系我，希望我回西南师范学院做他的助手。我回到了四川，省接待站的同志告诉我，四川南充市的四川师范学院（今四川师范大学）已迁至成都，留下部分另成立了南充师范专科学校（今西华师范大学），并建立了生物学系，急需教师，故我最后被分配到了南充，一直到现在，已60年。我虽未在施老师身边，但他接了科研任务，总是要我给他当助手。1963年，他接受了四川省志地理志动物部分的课题，便把我借到他那里协助工作了一年。

1972年，施老师负责长江上游水产资源调查，又让我给他做助手到长江上游进行水产调查，直至1974年四川省林业厅要我组织四川珍贵动物资源调查（即第一次大熊猫调查），我才离开了水产方面的调查研究工作。我从施老师那里学到了如何做人，如何进行科学研究的严谨态度，这使我获益匪浅。

1955—1957年我在北京师范大学读研究生时，我的导师是著名的科学家武兆发教授。他在美国攻读博士期间，曾做过脊椎动物学、无脊椎动物学和比较解剖学这三门课的助教，博学多才，尤以精通生物技术著称。他曾把苏联列伯金斯卡娅院士的水螅活质等三大学说推翻了两个，他叮嘱我们这些研究生一定要打好深厚的业务基础，在此基础上再深入某一专门学科，才能以一概十，不致偏颇，有所成就。此外，中国科学

> 前排左二为郭毓彬教授，左三为包桂濬教授。

院的郑作新教授讲授鸟类学、夏武平教授讲授兽类学，北京师范大学的郭毓彬教授讲授脊椎动物比较解剖学、包桂濬教授讲授鱼类学。我遵循着导师的教导，不偏不废地学习每门功课，这给我以后的教学和科研打下了良好的基础，以至于我在卧龙参加国际合作研究大熊猫时，美国著名动物学家乔治·夏勒（G.B.Schaller）博士在他的《最后的熊猫》一书中，称与我合作是一件乐事，夸奖我是一个优秀的博物学家，鸟类、兽类都懂。

### 大熊猫的起源与演化

大熊猫的祖先起源于古食肉类，迄今发现的最古老的大熊猫祖先——始熊猫的化石发现于中国云南禄丰和元谋的褐煤地层，距今已有900万—800万年，那时的人类尚处在古猿时期。始熊猫生活的环境接近沼泽地带，食物还不以竹子为主，以后扩大分布，才转变为以少竞食者、分布又广的竹类为生。始熊猫的体形比以后发现的小型大熊猫的体形还要小。

3万—2万年前，欧洲曾出现过郊熊猫，这是一个灭绝的旁支，没有留下后代。

距今约180万年前，在广西、陕西秦岭一带生活着小型大熊猫，但到了距今70万—50万年前，其在生存竞争中逐渐灭绝，取而代之的是经过多次冷暖交替后体形进一步增大、比现今大熊猫大1/9~1/8的大熊猫。那时它们遍布我国东南各省，远及邻国，达到空前的繁盛。1.8万年前它们在最后一次冰川期（第四期）的袭击和造山运动中逐渐衰退。1.2万年后冰川期结束、气候稳定，在秦岭、岷山、邛崃山、相岭和凉山，大熊猫才子遗至今，故有"活化石"之称。

# 第三章

# 走进卧龙

　　早在 1908 年，英国著名的植物学家威尔逊从成都出发翻山越岭，一个星期后到达卧龙，并在沿途发现了大熊猫吃竹笋的痕迹和粪便。20 世纪 40 年代，四川大学的许光玷等人打着当时阿坝一个军阀何本初的旗号，沿威尔逊走过的老路进入卧龙考察动植物……

# 一 · 踏勘

卧龙的名称由来，是因为进入卧龙的羊肠小道到了海拔6250米的四姑娘山山脚下，沿河有一座弯弯曲曲的山岗变成了9个山包、8个道口，酷似一条巨龙，延伸10余千米，其头俯卧于河的狭隘处，似在饮清澈的河水，此处名曰卧龙关，其尾位于现在的卧龙保护区管理处沙湾下方。

卧龙关是成都去小金县必经的隘口。20世纪40年代，当地有一个姓宋的土匪头子霸占着卧龙关，凡路过此关必须付买路钱。四川大学的许光玷考察队打着何本初的旗号路过此处时，土匪们一样不买账。他们采集来的装入箱中的标本被土匪认为是鸦片和贵重之物，土匪们便将人和物全部劫留，把许光玷等人蒙上眼睛转移至山区，以备获取赎金。后来还是通过何本初的人情，才放了人。

中华人民共和国成立以后，需要开发卧龙的森林资源。1961年，沿卧龙的皮条河至小金县的公路修筑完成，"蜀道难，难于上青天"变成通衢。公路左侧，皮条河碧蓝而清澈，九曲十弯通过大小阴沟峡谷，向岷江奔流而去，一路洒下欢乐的浪花。两岸漫山遍野都是箭竹，森林的颜色参差而柔和，无比绚丽，与皮条河的蓝绿河水相映生辉，如诗如画，令人称绝。

成都距卧龙仅134千米。从成都出发到卧龙的路上，车行近90千米的时候，透过玻璃窗，就可窥见重峦叠嶂的山岭直插蓝天。不一会儿，灿烂的阳光从弯曲的峰顶间的垭口直泻入河谷，将"熊猫故乡"染得一片金黄。眼前的景色越发秀美迷人，引人入胜。车行至海拔1200米到了木姜坪前的隧道，才开始进入保护区。再向前行驶40千米，就到了海拔近2000米的保护区管理局，它是卧龙山下一块扇形的小冲积地，称为沙湾。

卧龙保护区是四川省最早建立的4个大熊猫保护区之一，当时是一个仅 400 平方千米的汶川县属的保护区，管理机构设在卧龙关。现设在沙湾的管理局，在 1974 年我们进入时还是省属的红旗森工局所在地，1975 年该局搬迁到松潘以后，卧龙保护区扩大为 20 万平方千米，直属林业部，管理局才搬到沙湾。

红旗森工局的管辖范围除皮条河外，还有北边的正河和南边的西河。1965—1974 年，红旗森工局在皮条河流域建立了塘房、三圣沟和英雄沟 3 个伐木场，除对皮条河流域进行了大规模的森林采伐外，其余两条河的流域迄今仍保留着大片的原始森林。皮条河采伐后的迹地，经过几十年的造林和自然更新，已被绿色的次生林所覆盖，郁郁葱葱。

1974 年 4 月中旬我进入卧龙后，一边为培训班备课，一边到以后学员实习的地方去进行实地踏勘。

参加培训的学员一般为林业系统的职工，都具有中学文化水平，但缺乏动物学的基础知识，因此确定讲课时间为两周。讲课的内容以大熊猫为主，结合着还讲金丝猴、羚牛、白唇鹿、四川梅花鹿、小熊猫和鬣羚等珍稀动物，介绍它们的分布、栖息环境、生活习性、食物及食物基

> 卧龙。

> 血雉。

地、繁殖、动物间相互关系以及天敌动物和调查方法，为学员们打下动物学知识的基础，然后通过实习，增加感性认识。

经过十多天的备课，通过红旗森工局介绍，我到尚在采伐的英雄沟伐木场进行了一次实地踏勘。

英雄沟是皮条河的一条支流，两岸群峰直立，直插云霄。峭壁的石隙丛生着小灌木或点缀着一些苍老的乔木，山林峻奇，小流急湍，瀑布众多，山水涧石，颇似一幅天然的画卷。4 条人工隧道，每穿过一条，可见一景，最后一条隧道有泉水渗出，人称"水帘洞"，到冬季则形成冰柱，颇似水晶宫。过了洞则豁然开朗，两岸呈扇形缓坡展开。英雄沟伐木场曾经是茂密的原始森林，采伐后留有一些稀疏的母树，以便传播种子，等待恢复。山峰陡峭处和海拔 3100 米以上尚未开发，主要为冷杉林，林下冷箭竹长势良好，为大熊猫的食物基地。

林地冷箭竹保存较好，有大熊猫活动。陡峭多石处有鬣羚和羚牛，原始森林中有成群的金丝猴，向阳的林中有小熊猫，这些动物留下的踪迹主要是粪便。

森林被采伐后大片的灌丛成为鸡类的乐园，珍贵的鸡类有红腹锦鸡、勺鸡、红腹角雉和血雉。

林场中有一个酷爱狩猎的医生，他告诉我月白风清时，在采伐过的残林中有不少动物会在夜间出来活动。于是我选择了农历三月十五日月圆风静的夜间到林场后面的斜坡上观察动物：看树上是否栖息着鸡类，听林中是否有其他动物活动的声响。在采伐后的倒木上，我一上一下地走着，遇上一根树皮脱落的倒木，突然脚下一滑，踝关节扭伤了，稍事休息后我咬紧牙关，一跛一瘸地回到场部，敷上药，扭伤处晚上开始红肿，第二天回管理局继续敷跌打损伤药治疗。

> 在树上晒太阳的大熊猫。

# 二 · 培训

1974 年 5 月初，四川省林业厅通知有大熊猫分布的各县林业局、森工局和保护区，选送有中学文化水平、身强体壮的男性青年，以及卧龙森工局营林处的篮球运动员，共 40 多人参加学习，并正式成立四川省珍贵动物资源调查队。队长由宫同阳担任，我作为副队长负责调查队的业务，胡铁卿副队长负责联络，胡诗秀为政委（兼）。后勤设在汶川县，由县林业局的李局长负责。

5 月中旬，学员到齐，我扭伤的脚也逐渐好转，但仍需跛行。我开始给他们上课，讲授时间为每天上午、下午各 3 小时，共授课 2 周。大部分时间是讲大熊猫的分布、对栖息地的选择、所需要的隐蔽条件、竹子的分布与生长状况、大熊猫的饮水情况、它们每天在栖息地活动的大体状况和活动范围、繁殖时间，有哪些自然条件和人为因素会对它们的正常生活造成影响以及天敌的危害等。除了我讲课，各地来的学员们也可以补充有关大熊猫的所见所闻。

资源调查最主要的任务是基本上查清调查区域内有多少只大熊猫，这是自然保护的基础。统计数量的材料可用来分析外界环境对大熊猫的影响：栖息地的环境质量与种群的发展趋势和动态规律，是用来了解大熊猫的数量和分布不可缺少的一项指标。

然而，就大熊猫而言，它们的

> 爬树。

数量非常稀少，平均每 9.3~10.7 平方千米才有一只。它们过着独栖的生活，对人畏惧，隐藏在无人涉足的荒野，很难见到。人们即使偶尔碰上大熊猫，它们也是一晃而进入密林，消失得无踪无影。加上它们多在晨昏和夜间活动，统计的艰巨性可想而知。

根据我们掌握的资料，大熊猫的食物是营养价值很低的竹类。它们每天必须采食大量的竹子才能维持基础代谢，此外，它们每天还要保证一定的休息时间并排出大量的粪便。除粪便外，它们会留下采食竹子的痕迹和歇息的卧穴，根据这些就可以进行间接的数量统计。

我们进行大熊猫数量统计，以排出 1~3 天的新鲜粪便为指标。在踏勘时，我们观察到新鲜粪便的特征是：若吃竹叶则为暗绿色，而吃竹茎为草绿色。粪便呈长椭圆形，每团的平均质量为 200~300 克，表面裹了一层黏液，十分光滑，色泽鲜亮，无异物附着或蛛丝黏结。若是前一天排出的粪便，表面变黑（明亮处）或无光泽（阴暗处），有异物附在粪便上。若是前两天排出的粪便，表面会出现白色菌丝。打散嗅闻，有竹子气味的为新鲜的粪便，而陈旧的粪便为发酵气味。此外，还可辅以食痕新陈度来进行综合分析。

大熊猫个体之间有一定距离。因此，在调查时要特别注意，相邻的新鲜粪便是否来自同一只大熊猫。由于相邻的大熊猫同龄的很少，年龄不同，粪便中竹子的咬节长度也不同，而且年龄越小牙齿磨损程度越低，到老年时就不能吃竹茎而只能吃竹叶。例如3岁以下的大熊猫的牙齿很锐利，咬节长度为20~30毫米且咬节完全破碎；3岁以上的大熊猫的咬节长度稳定，为35~37毫米，咬节的咀嚼程度由强逐渐变弱，由破碎到不完全破碎；进入老年后，大熊猫的臼齿有一半已磨平，若吃竹茎，其咬节长度多在40毫米以上且无破损，只是压磨呈扁形，吃竹叶排出的粪便为大片，甚至整片。

大熊猫常在黎明前开始活动，午间休息，日落前又进入活动高峰，午夜才休息。休息地多选在一棵大树下，卧休一夜后，在卧穴旁要留下20团左右的粪便。因此，在进行路线调查时，如果发现了新鲜粪便，要注意大树下有无卧穴。若卧穴旁的粪便在20团左右，则表明宿了一夜，若仅有10团左右，可能是午睡时的卧穴。若两个卧穴相距较远，则可判断有两只大熊猫。

大熊猫活动时有一边采食一边排泄的习惯，它们会留下采食的竹桩和竹梢，以及断续的足痕（软质地才有）或连续的雪地足迹。在分析这些活动踪迹时，要注意这些痕迹与调查路线，若呈直角或钝角，才能算一只，若呈锐角和平行可能为同一只。

在确定调查路线时，先要访问那座发现过大熊猫的山，然后根据五万分之一地形图，依照大熊猫每天喜欢饮水的习惯，确定每条小支沟和相应山脊为一条调查线路。视地形，从山脊上、河谷下，或从河谷上、山脊下，较平缓的地段为大熊猫喜爱的区域。

讲课于 5 月底结束，6 月便开始实习。地点选在我们以后建立的"五一棚观察站"内的东侧原草地。由于我扭伤的脚尚未痊愈，不能带领学员实习，就将此重任委托给重庆博物馆的陈克先生，他年长我 10 岁，已经 55 岁了。

学员们在实习中发现了与大熊猫同域分布的金丝猴、羚牛、林麝和水鹿的粪便。此外，还发现了大熊猫的天敌之一——豹，它咬死了一只一岁零八个月的亚成年大熊猫 ( 卧龙的大熊猫一般在 9 月初出生 )。大熊猫到一岁半以后，正值母亲的发情期，因而它被迫离开母亲，但体力不足以抵抗像豹这一类的天敌。豹猎杀动物时先咬住其颈部，然后用力摇摆使其颈脊髓与脑的连接断裂而瘫痪，最终死亡。

亚成年大熊猫的另一天敌是豺。豺形似狗且体色赤褐，故又称作红狼，常 3~5 只结群。豺猎杀动物的方法与豹不同，它首先抓猎物的眼睛，使其失明，然后从肛门掏肠致猎物死亡。

# 三 · 探秘大熊猫

培训结束后，从中精选 20 多人参加调查队。

调查的第一个县是卧龙所在的汶川县，属阿坝藏族羌族自治州管辖，这是从成都市进入阿坝藏族羌族自治州的第一个县。汶川县毗邻都江堰市，位于岷江中游，为邛崃山脉东坡，四川盆地向青藏高原过渡的高山峡谷地带，最低处海拔 800 余米，最高峰为海拔 6250 米的四姑娘山。

汶川县境内的西河、耿达河和草坡河汇入岷江，每条河的两岸各有大小支沟 20 余条。由于长期侵蚀切割，两岸山峦对峙，河床狭窄，水流湍急，但沟的尾部河谷较开阔，坡度亦较平缓。由于汇入岷江的 3 条河流都是自西向东流入岷江，我国东部的暖湿气流经四川盆地可以长驱直入邛崃山的东坡，使得当地的气候非常湿润，适宜高山竹类生长，为大熊猫提供了丰富的"粮仓"。

调查的重点是草坡和红旗森工局 (1975 年以后改为卧龙保护区，以下简称"卧龙")。卧龙主要山脉有巴郎山、四姑娘山、正沟梁子、牛头山、韩风岭、老鸦山、盘龙山和天台山等；草坡主要山脉有钱粮山、和尚头山和天台山北坡等。山脉海拔一般为 1000~4500 米，森林上线一般在海拔 3600 米，海拔 2000 米以下的河谷多被村民开垦，因此，调查在 2000~3600 米有森林分布的区域内进行。

1974 年 6 月至 7 月我们集中在卧龙调查，重点是牛头山。20 世纪初，英国植物学家威尔逊到卧龙就是从此山而入的。我们从沙湾出发，沿皮条河公路而下约 1000 米，过河即进入从牛头山流出的支流——三村河。河的下段是峡谷区，河谷边有一条狭窄的公路。两岸山势陡峭如壁，生长着稀疏的矮乔木和草灌，匆匆流淌的溪水碧如蓝，沿途景色十分优美。车行约 1 小时河谷突然开朗，即到了卧龙乡的三村。三村约有 20 户人家，村民有百余人。我们雇请了10多个民工，浩浩荡荡共40余人。每个调查队员背着自己的衣物、睡被（当时无鸭绒睡袋）和调查用具，大帐篷、炊具、粮食、盐肉和蔬菜等由10多个民工负责。民工中有一个女青年特别卖力，她背着一口供20多人吃饭用的大锅等全部炊具，既沉重又宽大，还常受山区羊肠小道两旁树枝和竹梢的拉扯，可她却毫不吃力。队员们吃力喘行，无不汗颜。

途中歇息时，民工们常采摘一种似芹菜的野菜秆吃，这种天然野菜略带药味，水汁较多，很是解渴。我们也学着采摘，以替代饮水。

三村海拔约2000米，上行至2500米，平缓山坡多被村民开垦种植玉米、马铃薯、大豆等作物，较陡的山坡多被村民作为薪林采伐，稍大的树木已不存在。海拔2500米以上出现陡坡，我们中间的很多人手脚并用，攀爬结合，成片的森林也开始出现。海拔2700米，山坡开始变缓，森林更加茂密，林下竹子长势茂盛，偶尔也能见到一些陈旧的大熊猫粪便。这时已到正午，大家将随身携带的干粮作为午餐。餐后不久，天空出现浓厚的乌云，预示着暴雨将至。于是，我率领部分精干的队员，疾步赶往花草地宿营处。

我们这支先头部队到达后，立即架设帐篷。帐篷搭好没几分钟，乌云袭来，雷雨交加，能见度不及10米。后继赶到的人，有的头披手绢，

有的抱头狂奔……个个成了"落汤鸡"。

　　年约 50 岁的炊事员吴老汉忙着煮大锅饭，晚饭时一人盛上一大碗饭，或站、或蹲，或坐在铺上，狼吞虎咽。晚上 10 多人挤在一顶帐篷内，每个人只好侧身而卧，若离床外出"方便"，返回时只能像"楔子"一样挤入。

第二天我们开始野外调查，所到之处是人迹罕至的原始森林，必须有向导开路。我们分成 4 支小分队，每组由 1 名向导带路。4 名向导中有两个人是熟悉卧龙山路的人，一位是营林处的周守德，年仅 20 多岁，有文化，在山里工作了多年；另一位是自 1963 年成立卧龙保护区后就在该区工作的彭加干，他与我年龄相当，四十五六岁，是卧龙关人，参加工作

前就爱狩猎，对卧龙各山都很熟悉。另两位都是 50 多岁的老猎手——卧龙关的金老汉和三村的杨老汉。

我们尽可能地沿着兽径穿行，行进中最辛苦的是向导。兽径不仅窄，还低矮，向导必须拿着刀，边走边开路，一天下来，比收割一天稻麦还累。若发现有大熊猫的粪便，则跟踪寻找，记录并测量粪便的直径、咬节长度和咀嚼程度，以及竹子的种类、部位、数量。若发现粪便近处有大树，还要到树下去查看是否有大熊猫过夜的卧穴。晚饭后的第一件事就是每个小分队汇报当天统计到的大熊猫情况，以便发现问题及时进行交流。

4 支小分队经过一周对约 30 平方千米范围内的大小支沟和小山脊进行了调查，整个花草地的实地踏勘工作也就结束了。每个队员都掌握了调查方法，并能在老猎人的帮助下识别常见动物的踪迹。

花草地调查结束以后，调查队分为 5 支小分队分片独立进行调查。其中 4 支留在卧龙继续调查，另一支至草坡乡调查。每支小分队均有一位较熟悉业务的负责人，分别是四川大学毕业的胡芝勋、四川林学院毕业的梅文政、四川农学院的刘昌宇、卧龙的周守德和我。每个小分队有 1 名向导，另有 2~3 名队员做跟踪、记录和度量等工作。

经过两个多月的调查，卧龙 4 支小分队的调查工作结束，共发现大熊猫 145 只。皮条河南岸自西向东的阴山坡的大熊猫数量最多。90.0%以上的大熊猫分布在海拔 2700~3100 米一带，海拔 2700 米以下和海拔 3000 米以上仅 9 只，海拔 2500 米以下和海拔 3600 米以上未发现大熊猫的踪迹。

大熊猫的栖息地一般分布在各小支沟的沟尾较开阔且呈扇形的水源区域或海拔 2800~3100 米的夷平带，俗称二道坪、三道坪和四道坪，坡度均在 30 度以下。海拔 2700~3000 米陡岩下的环腰带，因土质厚而肥沃，森林和竹类都很茂密，也是大熊猫喜欢的栖息地。夏季和秋季大熊猫喜欢在较潮湿的各小山脊的阴坡地带活动，坡向一般为西北或正北；其次是沟谷、山脊，或东南向、东北向的半阳半阴的山坡、山脊地带。大熊猫栖息地的植物以冷杉林为主，间有桦木，其郁闭度（指树冠所占空间的范围）在 0.6 左右，林下丛生或散生着箭竹，覆盖度适中（0.5~0.6）。大熊猫很少去太密或太稀的箭竹林活动。大熊猫的栖息地一般距离河流或海子（指高山湖泊）不远，它们不喝小面积、不流动的静水。大熊猫的食物 99% 为竹类，一年的食物组成中竹茎约占 50%，春季竹叶占 25%，夏季竹笋占 25%，秋季和冬季每天食竹叶或竹茎 10~18 千克，竹笋达 38~40 千克。大熊猫每天排出粪便 100 团左右，为 11~20 千克，食竹笋时，因竹笋含水量高，大熊猫饮水少，每天排出粪便 19~20 千克。

我带领一支小分队到草坡乡调查。草坡乡与卧龙仅一山之隔。在调查之前，我和周守德先去那里了解了大熊猫的分布情况。我们早晨从卧龙的耿达乡龙潭沟出发，翻过天台山，下午 5 点多到达草坡乡。

1869 年，法国神父戴维在四川宝兴县发现了大熊猫，1908 年英国植物学家威尔逊又在卧龙发现了大熊猫，这两地当时属西康省，距四川省都较远。卧龙虽近，但道路崎岖难行，唯独草坡乡交通方便。顺岷江而上即到汶川县城（当时叫威州），然后顺草坡河约行 2 小时即到达草

> 清甜箭竹。

> 露丝·哈克尼斯与大熊猫。

坡乡。故 1916 年，德国人韦戈尔德在草坡乡猎杀了 3 只大熊猫并得到了两张大熊猫的皮、一个头骨；1931 年，美国杜伦探险队在草坡乡猎杀了 4 只大熊猫；1934 年，美国人塞奇猎杀了一只正在给幼仔哺乳的雌性大熊猫；1936 年，美国人露丝·哈克尼斯从草坡乡捕捉到 1 只大熊猫运到美国芝加哥动物园展出。与此同时，英国的丹吉尔·史密斯在这里猎捕了 12 只大熊猫，其中有 6 只运到了英国（2 只送动物园，4 只在运输途中死亡）。之后通过华西大学、四川大学等单位捕捉运去美、英等国的大熊猫至少有 8 只。因此，汶川县草坡乡被猎杀和捕捉的大熊猫至少在 31 只以上，这说明草坡乡的确为汶川县最重要的大熊猫栖息地。

我们调查的重点是草坡乡西南的足湾、沙排上游的和尚头山和西北最高的钱粮山，这些地方常有大熊猫出没。

足湾距草坡乡较近，是 20 世纪 30 年代露丝·哈克尼斯和丹吉尔·史密斯捕捉到大熊猫最多的一片山谷。我们一行 4 个人准备在山上夜宿

3天，米和盐肉等生活用品由向导和炊事员负责，我和另外一名队员携带着自己的铺盖、望远镜、手电筒和照相机等并负责调查工作。

我们从山谷出发，沿着村民上山耕作的弯曲小径而行，小径两侧主要是农耕地，地旁陡峭处有稀疏的乔木和灌丛草地，栖息在那里的有"咕咕""谷谷"啼叫的山斑鸠和珠颈斑鸠，以及发出"布谷""布布谷谷"很有节奏鸣叫声的大杜鹃、四声杜鹃等。它们组成混声四部合唱，鼓励着我们艰难地攀登。

海拔2400米，山坡突然变得陡峭起来，已无农耕地，我们只能手攀脚蹬岩石了。几万年前地壳剧烈抬升一阵以后，至海拔2500米，造山运动又放缓了几万年，风化的结果是形成一个环山夷平带，老乡称它二道坪。这一地带的乔木层出现了挺拔的铁杉和华山松，竹下灌丛有盛开着的杜鹃，更多的是短锥玉山竹（过去称为大箭竹），是大熊猫喜食的竹种之一。这种竹子的直径较冷箭竹粗，竹叶细长，但很浓密，竹笋和竹茎是大熊猫冬季和春季喜食的部分。我们调查时已为夏季，找到的大熊猫粪便全是冬季和春季留下的陈旧粪便。虽然如此，能见到粪便总是一件令人兴奋的事，也缓解了艰难行程带来的疲劳。

> 羚牛。

海拔 2600 米以上，山坡又逐渐变得陡峭起来，大熊猫的踪迹减少，而羚牛、鬣羚等有蹄类动物的踪迹有所增加。至海拔 2800 米，山坡变缓，出现了第三道夷平带。地面上生长的乔木变成了冷杉林，中间夹杂着一些树皮很红的红桦树，灌木以冷箭竹为主，点缀着怒放的杜鹃。地面被一层层软绵绵的泥炭藓覆盖着，陡峭向阳的小山坡变成了草坡。空气很潮湿，乔木树干上长满了苔藓，枝间挂着松萝，一派原始森林景观。这里是动物们的乐园。大熊猫在阴湿处以冷箭竹为生，过着悠闲的生活；小熊猫在向阳的山坡另辟一块天地，啃食着那里的竹子；林麝隐藏在林中，采食挂在树上的松萝；斑羚和鬣羚则在多乱石或陡峭的山岩上以草为食。在这些地方也能找到羚牛活动的踪迹，林间的鸟类更多，如血雉、红腹角雉、勺鸡和多种画眉等。吃过午饭，我们继续往上爬，再次经过陡坡后，才到了海拔 3100 米的第四道夷平带。这时，太阳已降到了西边钱粮山的山谷里。

宿营处距离河流很远，但山下潺潺的流水声不断，仿佛就在身边。就近的一片泥炭藓成了原始森林的贮水库，随手抓一把便可挤出半杯水。我们只能用这带泥的水煮盐肉，然后再用这含盐的水煮饭，吃起来既咸又带泥土味，但感觉很香。在树间牵上几条绳索，上面搭两张油布，4 个

> 塞奇夫妇和谢尔登同时开枪击毙大熊猫后的合影。

> 被枪杀的大熊猫。

人挤在一起睡。因疲劳过度，大家睡得也香，但总被口渴刺激醒，只好饮几口泥水又继续沉睡。

海拔 2800 米一带的山脊很长，这正是大熊猫夏季活动的地带，我们边走边统计，花了 3 天的时间。加上连接卧龙的天台山，共有 22 只大熊猫。走到一条山溪旁，才真正体会到孔子所说的"乐山、乐水"。大熊猫是真正的"智者""仁者"，能挑选到这样优美的家园。

接着我们去沙排村的和尚头山调查，这座山是美国塞奇夫妇和谢尔登等猎杀大熊猫的地方。这里的大熊猫数量也不少，主要分布在海拔 2800~3100 米一带。经过几天的统计，我们共发现 16 只大熊猫。

钱粮山在草坡乡的西北方向，最高峰海拔 4000 多米，再往西便与卧龙的四姑娘山相连接。钱粮山既高又陡，只统计到 2 只大熊猫，可能是从南边足湾和北边沙排"旅游"到这山上来的。

1934 年谢尔登曾在草坡乡猎杀过大熊猫，1975 年，他在书中记述道："每 6.7~10 平方千米有一只大熊猫。"经过 20 世纪 30 年代的大量猎杀和捕捉，草坡乡的大熊猫种群已元气大伤，到 1999—2000 年全国第三次大熊猫调查时，70 多年的时间才恢复到 30 多只，11.90 平方千米才有一只，仍未达到 20 世纪 30 年代的水平。由此可见大熊猫种群恢复的速度是很慢的。经过多年的保护与恢复，现今四川草坡省级自然保护区的面积为 556.12 平方千米，大熊猫的数量为 48 只。

**发现大熊猫**

1869 年，法国神父戴维第二次来华时在四川省宝兴县发现了大熊猫，最初以为它是一只未被发现的黑白熊，并发表文章公之于世。次年，米尔恩·爱德华兹将小熊猫和浣熊进行比较研究后，确定它更像小熊猫，把它定名为大熊猫。从那时起，国内外才知道中国有举世无双的大熊猫。戴维发现大熊猫后，大熊猫最初被翻译为大猫熊，简称猫熊。20 世纪 30 年代在重庆北碚平民公园展出时横书猫熊，因那时人们习惯于从右至左阅读，因此以后便将猫熊称为熊猫，但在中国台湾省人们至今仍称大熊猫为猫熊。

# 第四章

# 踏破岷山寻铁豹

　　我国在远古时期曾划分为九州，岷山地区隶属于梁州。《尚书·禹贡篇》记述了梁州是貅或貘（均为古时对大熊猫的称谓）的重要产出地。传说貘以铜铁为食，故又把大熊猫称为铁豹或食铁兽。故在《舆地志》中把岷山的主峰称为铁豹岭（今雪宝顶）。

岷山呈南北走向，东为涪江，西为岷江，北为嘉陵江，南北蜿蜒约 500 千米，有千里岷山之说。岷山东西宽约 300 千米，面积约 56000 平方千米。森林面积在 20 世纪 50 年代初期约为 16600 平方千米。自 1958 年以来，松潘等 9 个森工局采伐森林达 3600 多平方千米，从而使大熊猫栖息地遭到了严重破坏。到 21 世纪，采伐的林地经过 40 余年的更新有所恢复，加上国家实施保护天然林政策，现有大熊猫栖息地 9713.19 平方千米，潜在栖息地 3134.68 平方千米，占全国大熊猫栖息地的 37.7%，居各大山系之首。

　　岷山山系的北段由若尔盖山、迭山等组成，略呈西北走向；中段为岷山山系的主体，由弓杠岭、摩天岭、雪宝顶等组成；东南段由龙门山、茶坪山和九顶山等组成，呈东北—西南走向。整个岷山山系位于四川盆地西北，为青藏高原的过渡地带，除了山还是山，高山重叠，峰谷交错，沟壑纵横，谷地狭窄，西麓较陡，东麓较缓，正面迎着东南季风，年降水量在 1000 毫米以上。气候温凉潮湿，森林茂密，适宜山地竹类生长，成为大熊猫安全的隐居处和良好的食物基地。

　　岷山山系北为嘉陵江、东为涪江、南为沱江水系的发源地，大熊猫

分布在各支沟的源头。岷山山系林深竹茂，因此成为我国大熊猫的主要产区，数量占全国的 43.0%，独占鳌头。历史上岷山的原住民为氐族和羌族，氐族集中居住在岷山中部平武县的 3 个乡，羌族主要分布在茂县及北川县（今北川羌族自治县）。岷山的西北高山分布着藏族，东南海拔 2000 米以下分布着汉族。各族均未能深入到大熊猫核心分布区域内，因此大熊猫受人为影响较轻微。

野生大熊猫在岷山山系的分布范围包括甘肃省的 3 个县市，四川省的 11 个县市，占全国大熊猫分布的 49 个县市的 28.0% 以上。

岷山山系的大熊猫主要分布在北、东和南，大熊猫保护区经过虎牙藏族乡、泗耳藏族乡、大桥镇、土城藏族乡、白羊乡、黄羊关藏族乡、主寺镇、木皮藏族乡、阔达藏族乡、青片乡、马槽乡、白什乡、小坝镇、清溪乡、沟口镇、黑虎镇、叠溪镇、白马藏族乡、勿角镇、草地乡、小河镇、黄龙乡等地，占全国有大熊猫分布的保护区的 40.0%。

平武县是岷山山系野生大熊猫种群数量最多的区域，什邡市的大熊猫种群数量最少。

> 千里岷山。

**大熊猫的体形**

300 万年前，大熊猫的体形只有现在的一半大，称为小型大熊猫，体重在 40~50 千克。至 70 万—50 万年前，由于冰川频繁发生，它们逐渐适应严寒气候和以低营养竹子为主要食物的生活，身躯普遍增大而肥胖，以减少能量的消耗。化石大熊猫比现在的略大 1/9~1/8。进入新石器时代，大约在 1.2 万年前最后一次冰川期结束，气候变暖，大熊猫逐渐适应变暖的气候而身躯变小。现在大熊猫的体重为 80~125 千克，体长 120~180 厘米，肩高 65~75 厘米，胸围 87~89 厘米，臀高 64~65 厘米，尾长 11.5~20 厘米。

# 第五章

# 追踪白龙江源头

　　四川北部嘉陵江上游广元市的西侧汇入了一条白龙江，它的源头为岷山北段若尔盖山和甘肃的迭山深处沁出的地下水，初时集成小溪流，逐渐汇成一条连绵不断的水的长龙，向东奔流。落差大处巨流直下，形成阵阵涟漪；平缓处清澈见底，从摩天岭俯视犹似一条正在舞动的白龙。

# 一·深入青川县

白龙江的源头在若尔盖山，那里有全国最大的四川梅花鹿群。出了迭山，沿途汇集的支流在甘肃境内形成了阿夏、多儿、白水江、尖山和裕河5个保护区；在四川境内形成了九寨沟县勿角、龙滴水、白河和九寨沟4个保护区。这9个保护区保护着岷山北段的大熊猫种群。白龙江下游汇集了岷山中段的下寺河。沿下寺河而上，便进入了青川县。这个县是我们对岷山山系进行调查的第一个重点县。

1974年国庆节过后，我们的调查队便进入了青川县。青川县有9镇28乡，大熊猫分布在县北部与陕西和甘肃毗邻的界山上，自西向东数量逐渐减少。大熊猫最集中分布的地方是在县西北青溪镇境内的唐家河林区（今唐家河国家级自然保护区）。

在青川县调查时，由于四川省军区下发了通知，青川县武装部派部队支援我们的调查工作。调查前我们组织了学习班，参加的人员有调查队的队员、林业局的干部职工和解放军，近100人。学习结束后，学习班分成两队，一队为我带领的专业队，另一队为当地学员组成的考察队。

考察队由2~3名学员组成小组回各乡调查，专业队在大熊猫最集中的唐家河林区进行调查。

我们从县城乘汽车约行80千米至青溪区，这里原是青川县的老县城，依稀可见旧时城墙尚存的断壁。再乘车在坑坑洼洼的泥土路上行驶了20千米，花了2小时，才到了一个叫毛香坝的地方。此地呈半月形，面积约10000平方米，海拔1200米。这里原为青川伐木场，经我们调查后，于1978年经国务院批准建立为唐家河国家级自然保护区，保护对象为大熊猫及其生态系统。

境内西北高、东南低，海拔3000米以上的高山有4座，海拔2000米以上的有7座，东西横亘，绵延几百千米。这些高山阻滞了北方滚滚

> 红腹锦鸡。

寒流南下，延缓了南来的暖流北上，从而令境内冬季温暖、夏季清凉，形成了雨量充沛的气候环境。这里的主要河流有文县河、石桥河、唐家河，与北路河汇合后，向南注入下寺河。这些河流还分出46条支沟和123条小支沟，常年流水潺潺。

我们到林场准备好物资以及做好其他后勤保障后，留下部分人员，其余的分成4个小分队，每个小分队4~5人。向导为两位老猎人，一个叫姚大爷，另一个姓刘，他在一次行猎时因土制枪管爆炸而失去一只手，从此人们戏称他为"一把手"，还有两个人是林场的工人。每个小分队还有一位专业人员，除我以外，分别是四川大学毕业的胡芝勋，四川林学院毕业的梅文政和孙禹伯。

进入11月份后，林区的一场大雪宣告冬季正式来临。我们计划在石桥河和文县河这两处进行调查。先调查面积为38平方千米的石桥河。从场部沿北路河上行约1小时，就到了石桥河的北岸，据说这里曾有一座石桥，但早已被洪水冲垮，连桥基也无踪无影，留下的河床全是鹅卵石，并附生着水绵。河水不深，微过膝，但冰冷刺骨。水下的石头很滑，只能撑着拐杖涉水而过。

我们沿着石桥河的河谷小道，背负着自己的行李疾步而行。公用品由民工负责，但太重的他们也不愿意背，解放军同志主动承担背负重物的职责。我们边走边注意观察大熊猫留下的蛛丝马迹。河两岸各支沟的植被较茂密，而沟谷的平缓处被旧时开荒破坏，虽然经过几十年退耕还林逐渐得到恢复，但是也少有动物活动的痕迹。继续上行，我们发现了许多羚牛和林麝的粪便，还看到红腹锦鸡以及各种小型鸟类惊慌逃跑。当林下出现大片巴山林竹时，可以看到去年冬季大熊猫留下的痕迹和排出的粪便。行至中午，到了观音岩，这是石桥河最大的一个岩穴，过去猎人、采药人都在这里露宿，无人时鬣羚、斑羚也在这里过夜或避雨，留下了一些粪便。

> 羚牛。

> 豺。

　　我们一行 20 余人，各自在岩穴周围寻找一块较干燥的地方，铺上一些箭竹，然后再铺上睡袋，准备夜宿。在荒无人烟的深山中，能有这样的夜宿地可称得上是享受了。岩下约 10 米就是河流，四处都是紫花碎米荠（俗称野油菜）。岩缘的冰凌如白玉，加上落雪纷飞，大自然真是太美了！于是我们决定以此处为大本营，对 20 多条小支沟、1 条支沟、1 座山脊进行调查。

　　为了节省时间，我们决定每天只食两餐，早餐为主餐，以肉类和米饭为主，既可御寒还可提供充足的能量，以补充爬山时严重的体力消耗。

# 二 · 信号弹带来了惊喜

冬季难逢一个晴日，我们便想借这大好晴天到西边海拔 3840 米的主峰去。由解放军常班长带路，我们一行 4 人，沿着石桥河和文县河的山脊进发。

一路上羚牛留下的踪迹最多，其次是鬣羚、斑羚、毛冠鹿和林麝。动物们选择的行进路线各有侧重，鬣羚、斑羚以陡岩多乱石的林边草坡为主，毛冠鹿和林麝多隐藏在林中，以青草和悬挂在树枝上的松萝为食。地表上残存着的一小片一小片的蕨根，明显是被野猪拱食的痕迹。

林下的缺苞箭竹到了海拔 2500 米以上依然未开花，仍无边无际地生长着，但也可见有小块的箭竹已死去，这是在地下打洞的竹鼠所为。竹鼠俗称竹溜子，是一种大型的啮齿动物，最重的可达 2000 克，它们以

> 绿尾虹雉。

> 水泥路上打个滚。

竹秆为食，食量很大。它们晚上出洞采食竹秆，白天则把竹秆拉回洞中。若在附近看到竹秆被一寸一寸地被拉进洞中，则说明它们正在洞中一节一节地啮食竹秆。它们吃完一小块竹林后，再到另一处继续打洞，危害竹林。

　　攀至海拔 3100 米，森林中的乔木已变得稀疏而矮小，箭竹也因受到高寒气候的影响变得矮小，偶尔发现的大熊猫粪便也是陈旧粪便。再往上爬到 3500 米，乔木由稀疏渐渐变得无影无踪，而被高山灌丛所替代，此处已无大熊猫的踪迹，但还有其他动物吸引着我们去观察。

　　在高山灌丛中能见到珍贵的马麝，它们不去下面的森林与林麝争地盘，而是在高山灌丛中另建家园。灌丛中的另一种稀有的动物是青藏高原所特有的藏狐，它比低山的赤狐（俗称狐狸）稍小，毛色灰褐，尾巴比赤狐还粗大。在灌丛中还能见到较大的蓝马鸡，它是我国珍贵的4种马鸡之一（另外3种是褐马鸡、白马鸡和藏马鸡）。高山灌丛中留下痕迹最多的是羚牛，这一带是它们夏季活动的主要场所。

在草甸中有一种大型珍禽叫绿尾虹雉，它的羽毛具有金属光泽，呈现出五光十色的虹彩，尾为绿色。它以一种名贵的中药材"贝母"为食，故又被称为贝母鸡；它的叫声似鹰，也有人叫它"鹰鸡"……

我们一行被这众多的动物深深吸引，整整跋涉了9小时，终于到了既与甘肃交界，又与四川的青川县和平武县交界的三界的界梁。站在高山之巅，长空如洗，群山起伏，重峦叠嶂，尽收眼底。白云飘动于脚下的山谷，恍入仙境。

幸有绚丽的晚霞提醒我们该返回宿营地了，我们这才意识到此时我们已十分疲劳，饥寒交迫。趁天还未黑尽，我们便顺着山坡，学着羚牛下山的姿态，由我领前，解放军同志压阵，以极快的速度往下冲。解放

> 蓝马鸡。

军同志的肩章被树枝刮丢了，我的钢笔也丢了，但谁也顾不上寻找。就这样狂奔 2 小时后，天空已降下了黑幕，我们只得另寻出路。借着月色，我们下北坡寻找石桥河的源头。为避免黑夜迷路，我们凭借深谷里积雪的反光的指引返回宿营地。河谷的河床全是砾石，还盖上了积雪，高高低低、深深浅浅，深者及大腿，我们犹如醉汉，跌跌撞撞地前行，还好未伤及皮肉，但个个大汗淋漓。到了

晚上 11 点，后面压阵的解放军同志突然听到山下远处传来枪声，他说："山下的同志来营救我们了。"我们也以枪声回应。山上山下频繁的枪声好似开战，还有红色的信号弹从天际飞来，我们惊喜得忘却了疲倦，好似打了一剂强心针，加快了涉雪下山的速度。过了一个多小时，我们终于"胜利会师"了，大家情不自禁地流下了热泪。

我们身上的所有重物都被迎接我们的伙伴"缴械"了，大家终于在凌晨 1 点回到了宿营地。坐在篝火旁，还来不及换下湿衣湿裤，我便感到头晕眼花，饥饿到了极点，迅速喝下一大碗热米汤后，我才逐渐恢复了心智，品尝着伙伴们为我们准备的丰盛晚餐和白酒，一天的饥饿和疲倦全都抛在了脑后。

已进入了隆冬季节，我们只有四川省军区支援的旧棉军衣，脚穿着"解放鞋"，外出不到半小时鞋上的雪便融化使之成为一双湿鞋，实在无法再进行野外考察了。至此，我们已调查了整个林区的一半面积，剩下的唐家河和小湾河只能等到来年开春再进行调查了。

# 三 · 踏上阴平古道

　　1975 年 3 月，我们重返唐家河林区，调查唐家河和小湾河的大熊猫分布状况。

　　走过为纪念当年红军血战摩天岭的英雄壮举而得名的"红军桥"，便看见河谷有点点村舍。屋前屋后多为耕地，房旁地间有果树和一些杂林灌木，以及一丛丛的慈竹、小片的白夹竹或刚竹。1978 年建立保护区后，唐家河和上寺河的几十户村民全部搬出了保护区，73 万亩农耕地通过人工和自然更新，已全被植被所覆盖。

　　我们沿着阴平古道盘旋而上，在小道上很容易发现豺的粪便，基本上是未消化的动物毛发，以斑羚和毛冠鹿的毛发最多，其次是鬣羚。

> 阴平古道。

四周很幽静，除了我们的脚步声，还有唐家河忽大忽小的溪涧流水声、时断时续的林间风声，以及清脆的鸟鸣声。小道旁乔木稀少，多为灌林，夹杂在成片的箭竹林中。分布最广的竹子为糙花箭竹，这种竹子比上寺河的巴山木竹稍小，竹茎约 10 毫米，竹子的叶片相对较宽，已普遍开花，开始结籽实（俗称竹米），然后枯死。分布较少的青川箭竹没有开花，年幼的竹子尚有浅红色的箨壳包着竹茎。整个竹株较细，直径一般为 5~8 毫米，竹叶也狭长。沿途平缓的山坡有大熊猫采食竹子的踪迹和粪便。海拔 2000 米以上出现了开花的缺苞箭竹。海拔 2500 米以上的缺苞箭竹尚未开花，两岸较陡。过了峡谷，缓坡处有大熊猫的粪便。河的东岸很少有大熊猫活动的踪迹，主要为小熊猫的活动场所。再往东翻过山梁为东洋沟，其阴坡的大熊猫活动较频繁。

**大熊猫的体色**

大熊猫的体色为黑、白两色，在冰天雪地或森林中起到了保护色的作用。大熊猫是独栖动物，彼此保持着一定的距离，偶遇时体色起到回避的作用，繁殖季节又利用体色追逐配偶。

大熊猫全身毛被厚而粗。毛被的显微结构显示内层髓质厚，具有良好的保湿性能。毛被的表面还富含油脂，加上它们常穿梭于竹林，经竹枝擦刷，显得更加光亮。毛被既对皮肤和整个机体起到很好的保护作用，也是御寒防潮的热屏障。

# 四·走进小湾河

小湾河在唐家河与石桥河之间，是汇入上寺河的第二条主要支流。进入小湾河的峡谷很深，两岸悬崖峭壁，谷中看不到岭有多高，路有多远。弯曲的小道与潺潺的溪水相伴而行，时而可见一袭飞瀑经数折而下，冲撞着涧中巨石，隆隆轰响着激起的白色水花。

爬至海拔 2500 米，峡谷豁然开朗，伐木工人尚未深入林间采伐，乔木挺拔直冲云霄，林深竹茂，一幅远离人烟的原始景象。林下的缺苞箭竹一片翠绿，竹叶上露水欲滴，我们已进入了大熊猫的家园。大熊猫的粪便中有的含竹叶多些，有的含竹茎多些，但都较为新鲜，估计是严冬时在这一带活动较频繁。大熊猫吃竹茎留下了不少的竹桩，一般为 30~40 厘米，被抛弃的竹梢一般为 50~60 厘米。聪明的大熊猫只吃 50~60 厘米含纤维少又富有营养的中段，它们留下的是含纤维高、营养少的竹桩，丢弃的是含纤维较少、植株较细的竹梢。大熊猫采食竹叶也有讲究，只需稍立，抓住竹梢，一束束地采食。采食完后，竹林好似用剪刀修剪过一样，这部分是全植株中营养成分最高的。夏秋季，正值竹林新枝幼叶初放的生长期，几乎所有的大熊猫都爱采食这些初生的枝叶。

至海拔 2700 米，出现了一座裸岩山脊，俗称刀背梁，虽无林木，但有兽类通过的痕迹，山脊长 50 余米。我们犹豫了：是像野兽一般勇敢地走过，还是下到岩下横过再上？带路的唐老汉说他们过去到此是骑着刀背似的山脊而过，并以身示范。我们也只好学他骑上山脊，两眼直视山脊前方，不敢俯视悬崖，躬身伸手，支撑着躯体，两脚后蹬向前推进。如此掌撑脚蹬 20 多分钟，终于通过了"刀山"，颇感刺激。

当攀到一个被称为火烧岭的陡岩下时，突然听到大熊猫的叫声，我们像是注入了一针兴奋剂，迅速地向叫声处进发。终于见到了两只大熊猫，一只雄性大熊猫在树上，时而发出犬吠声，时而又转为咩叫声，树下

> 窥视。

的雌性大熊猫一副爱理不理的样子，时而又回应几声，用叫声传递着它们愿做伴侣的信息。它们正处于发情的初期，雄性大熊猫爬下树想与雌性大熊猫亲近，遭到拒绝。雄性大熊猫显得十分烦躁，穷追不舍；雌性大熊猫有些依恋，流连嬉戏，交配的时机看来尚未成熟。我们观察了半小时，它们渐渐地离开了我们的视野。

在它们的活动范围内有近一两天排出的粪便，从形态上看一种较粗，一种较细。较粗的粪便臊气味较浓，为雄性大熊猫所为；雌性大熊猫排出的粪便较细，气味也淡些。由于排出的粪便很多，空气中也弥漫着这种臊气。一些树干上留下了新的爪痕，还有被咬断的树枝掉在地下，粗的直径可达 5 厘米，这些可能都是雄性大熊猫追逐雌性大熊猫时烦躁不安留下的"情物"。这一天是 1975 年 3 月 28 日，晴空万里，正值风和日丽的早春季节。第二天我们继续观察，它们仍然没有交配。高山上还寒

> 　大熊猫的粪便。

> 　寄放幼仔的偏岩洞。

冷，我们没有准备过夜的铺盖，只好遗憾地返回宿营地。

　　据林场刘绍森介绍，1974 年 4 月的一天，也是一个晴朗的好天气，他们在这座山的山腰平缓处见到一对大熊猫，观察了很久，一直等到它们交配。交配完后雌性大熊猫大吼了一声，然后只听见向坡下的一阵滚动声，就销声匿迹了。又一年的 5 月在火烧岭也发现过一次大熊猫的交配。说明唐家河大熊猫的繁殖期在每年的 2—5 月，这与资料的记载相吻合。

　　大熊猫的产仔期多在 8 月下旬至 9 月上旬，常在古老的空树洞、石洞穴或大树根际间的洞穴产仔。洞穴内的窝有一个稍粗糙的铺盖，粪便排在洞穴旁。1994 年，林场的职工在唐家河搭架岩曾发现一棵大柳树根际间的洞穴中有产仔窝。大熊猫每胎一般产一仔，但有老猎人曾在火烧岭的一个岩石洞中发现过一胎产 2 仔的大熊猫。

**大熊猫的感受器**

　　大熊猫的眼睛很小，其瞳孔纵裂似猫，穿行于能见度极差的密林时有利于调节视力。它们的眼周有一个较大的黑圈，既弥补了眼小的缺陷，也和黑色的耳朵一样能吸收热熊，加快末梢神经血液循环，减少热量的散失，以适应寒冷的环境。

　　大熊猫的嗅觉很灵敏，常用气味做标记，走熟知的兽径和在自己的家域内活动。它们对食物的选择不是先看一看而是先闻一闻，故在黑夜里，它们可以凭嗅觉择食竹子。在繁殖期，两性间彼此相隔很远，又处于密林中，凭嗅觉也能找到伴侣，并闻出各自的生理状况，互相追逐。

　　大熊猫的听觉也比较灵敏，既能识别陌生的声音，也能根据熟知的声音哺育幼仔以及在繁殖期找寻配偶。

# 五 · 唐家河大熊猫种群发展趋势

在 1974 年未进行调查以前，青川县的大熊猫资料显示唐家河有"很多"大熊猫。从 1966 年建立伐木场至 1974 年，在伐木场区域曾有 16 只大熊猫被猎杀，毗邻的东阳沟等地有 7 只被猎杀。在 8 年的时间内有 23 只大熊猫被猎杀，这从侧面说明了该地区的大熊猫曾经的确有"很多"。

经过 1974 年 11—12 月和 1975 年 3—4 月共 4 个月的调查，由于调查期正处于冬季和早春，竹叶经过严冬的袭击已经枯萎，丧失了营养价值，大熊猫只能四处去寻找幼竹、当年萌发尚未长出枝叶的老笋和部分尚未枯萎的枝叶作为食物，觅食的范围很广，到处都有粪便，统计时出现了同一个体的重复，致使数量偏高。后来对测量数据和记录重新分析，实际有大熊猫 80 余只，平均 5~6 平方千米一只，比 1934 年谢尔登在汶川草坡考察时平均 6.7~10 平方千米一只的密度还高，证明唐家河的大熊猫确实多。

唐家河的大熊猫主要分布在 4 条大支流的流域内，以石桥河最多，约 23 只；次为文县河，约 16 只；小湾河为 18 只；唐家河为 15 只；无尔沟等其他各小沟流域内约 15 只。海拔 1800~3100 米一带均有分布，但70% 以上分布在海拔 2300~2800 米一带，冬季阳坡较多，早春转入阴坡。根据粪便中竹茎的咬节长度和咀嚼程度将大熊猫的年龄分为 3 组：青幼个体占 16%，壮成年个体占 79%，衰老个体占 5%。从年龄组成上看，应是增长的趋势。

1974 年，唐家河的糙花箭竹和缺苞箭竹同时大面积开花，海拔 2400 米以下只剩下少量青川箭竹及河谷零星的巴山木竹为大熊猫提供冬季的部分食物。进入春季，大熊猫必须到海拔 2400 米以上的地方去采食未开花的缺苞箭竹。因此，大多数衰老个体受大规模箭竹开花的影响而死去，以后的调查表明大熊猫的种群数量开始下降。

衰老个体多死于寒冷的冬季或乍暖还寒的早春。1974 年以后，在石桥河、唐家河的河谷都曾发现过死亡的个体。它们往往饮完水后，再也无力攀登入林去采食竹子，死于离河不远的岸上。

　　唐家河大熊猫的天敌为豺和豹。在调查中，我们发现过豺的粪便中有大熊猫的毛和爪，也发现过豹猎杀大熊猫后残留的骨和毛。这两种大熊猫的天敌多猎杀两岁以下的大熊猫和老年大熊猫，成年大熊猫有能力对付天敌，豺和豹不敢冒险去侵犯它们。

# 第六章

# 大熊猫的乐园

　　平武县位于岷山的中段，东北为摩天岭山脉，东南为龙门山，西为岷山主峰雪宝顶。全县地势西北高、东南低，海拔 1000 米以上的山地占全县面积的 93.5%。境内山高谷深、千山万壑、山外有山，仅有零星的河谷平坝和谷地。

# 一·地灵之乡

1975 年 4 月，在青川县的调查结束后，我们转移到平武县继续调查工作。

平武县西北山区海拔多在 5000 米以上，主峰雪宝顶海拔 5588 米。全县境内 5000 米以上的山峰有 5 座，终年积雪。这些山峰的融冰受物理风化作用的影响十分强烈，故多为角峰或刃脊。山间洼地还有冰斗和冰川，蔚为壮观。

海拔 4000~5000 米的高山占全县面积的 1.86%。高山的山岭绵延，形成山脊。山岭与山脊的高差为 100~300 米，但与河谷切割很深，多呈 "V" 字形河谷，高差常在 1000~1500 米。谷坡很陡，呈梯状，常在 35 度以上。谷坡海拔 4400~5000 米为流石滩地带，是岩羊、雪鹑等珍禽异兽的天地。海拔 3600~4400 米为高山灌丛草甸，是羚牛、绿尾虹雉等珍稀动物的天堂。海拔 3600 米以下被森林覆盖，林下箭竹幽深，山连山的梯状山脊和呈带状平缓的夷平地带是大熊猫的乐园。

海拔 2500~4000 米的中山占全县面积的 30.61%，主要是岷山山系向东北延伸的摩天岭山脉。山地切割也极强烈，山顶崎岖，多悬崖峭壁，但平缓的山脊和夷平地带谷坡众多，大熊猫的分布密度以这一带最大。

西北的高山延伸到东南龙门山，海拔仅 1000~2500 米，占全县面积的 61.28%。山地的形态主要为锯齿状山脊、猪背脊、平缓山脊、圆包山顶或单面山等，平缓的山脊和山坡多被开发为农田或薪炭林，仅少数人烟稀少的平缓山脊有大熊猫活动。20 世纪 80 年代以后，仍有大熊猫活动的踪迹。

海拔 1000 米以下为低山和丘陵，仅占全县面积的 5.27%。

此外，高山和中山等山地由于长期遭受剥蚀所形成的准平坝，经地壳再次抬升形成了山上有原、原上有山的地貌，约占全县面积的 0.97%。这些地域较平缓，在古时仅有少量羌族、氐族人居住，尚有大熊猫活动；以后大量汉族人民迁入，全都被开垦为农耕地，现在大熊猫已不到这一带活动，而是退缩至西北部的山区中。

全县不仅山多，山溪也多，有 400 余条，都汇集于涪江水系，最后汇入嘉陵江和长江。河溪的上游为中高山区，林深竹茂，在海拔 2500~3100 米一带的针阔叶混交林或针叶林下，分布着缺苞箭竹，极其适合大熊猫栖息。

根据以上自然环境条件和大熊猫大致分布状况，我们最终确定将调查重点放在西北部人烟稀少的山区，把全队分成 8~10 个小分队，我主要负责县西北王朗自然保护区的调查工作。

1975 年 4 月中旬，我们从平武县城西北出发，沿火溪河谷至王坝楚的公

> 休息。

路前行，这条公路是为运输砍伐的木材而修筑的。当晚在王坝楚王朗自然保护区办事处歇宿。第二天，我们和马帮沿着河谷的弯曲小道继续前行。

河谷两岸为白马藏族的村寨，两岸山岭尚有一定数量的植被，且有大熊猫分布。

我们中途在胡家磨中转站夜宿，次日继续沿河谷上行，村寨逐渐减少，两岸出现稀疏的乔木。越接近保护区的边缘，抬头便见一重重山、一道道岭。山势越显巍峨和峻峭，天空越发低矮而湛蓝。山顶被云雾隐没，山腰眷恋着一条又一条的青雾。午后我们终于到了豹子沟，这才正式进入王朗保护区的境内。森林更加茂密而郁葱，两岸灌木和乔木繁盛，几乎看不见溪流，只能听到流水淙淙的声音。山坡绿荫素裹，在一片绿色的笼罩下，天空似乎更窄。风景如画，赏心悦目。但是近看，林下大片大片的缺苞箭竹已开花结实，竹叶也开始枯萎，这使我们不能不为大熊猫

> 洞中抚幼。

担忧，饥荒即将到来，它们又将逃往何处？

下午到了保护区的驻处——牧羊场。在未建保护区以前，这里也是牧羊人的宿营地。山坡上披满了灌丛和青草，见不到乔木，昔日放羊的牧场，现在却变成了画眉和鸡类的乐园。晨昏都能听到画眉和各种鸟类的婉转鸣唱和鸡类"咯咯"的呼唤。

**大熊猫的身体结构**

大熊猫头大吻短似猫，整个面颊很圆，具有强大的咀嚼肌，故咬竹如快刀切割。颈粗，以支撑沉重的头。身躯不似食肉类那样而显肥胖，但全身关节却十分灵活，可以用嘴舐咬胯部和尾巴，翻筋斗。尾巴初生时很长，随着发育而缩短。尾腹面无毛且富含腺体，尾其余部分的毛长而蓬松，显得尾很肥大。当尾下腺和肛周腺分泌时，尾则起着帚刷的作用，使标志性的气味斑四处散发传播信息，既供自己也供个体间识别。

大熊猫四肢强壮，以支撑肥壮的身躯，还有利爪，故善于攀爬树木以逃避敌人或在树上晒太阳。前后脚向内撇，行走蹒跚，不善奔跑和跳跃，这与隐居密林有关。习惯在竹林里漫游选食竹子而减少能量的消耗。前脚掌有一个伪拇指，可以握物而食。整个脚掌有毛，以防行走和攀爬时溜滑。

# 二·久负盛名的王朗自然保护区

王朗保护区始建于 1963 年，是我国最早建立的 4 个大熊猫保护区之一（其他 3 个为卧龙、白河、喇叭河），现已升级为国家级自然保护区。

保护区南面以豹子沟和长白沟与刀切沟的分水岭为界，西、北与九寨沟县的勿角保护区和九寨沟保护区为界，东面与松潘县的白马河保护区、黄龙保护区为界，构成岷山山系北部最重要的大熊猫保护区网络。

保护区总面积为 322.97 平方千米，其中大熊猫栖息地的面积为 157.70 平方千米，占总面积的 48.8%。

保护区内的高山白雪皑皑，密林郁郁葱葱，森林覆盖率为 49.7%。年降水量达 1800 毫米，孕育了境内唯一的白马河及其支流。地形西部高峻，东部低矮。冬寒夏凉，高山积雪长达半年以上，年平均温度在 10 ℃左右。保护区内不同海拔的动植物呈现出极明显的垂直差异。

高山流石滩和裸岩有岩羊、雪鹑等，高山灌丛草甸有羚牛、马麝和绿尾虹雉等。

高山原始森林中生长着云杉、冷杉、高山柏，海拔 2400~3200 米一带均有缺苞箭竹分布。林中阴暗潮湿、山泉潺潺、花草摇曳，有大熊猫、金丝猴、林麝、黑熊等珍稀动物，还有

> 林麝。

斑尾榛鸡、红腹角雉及血雉等珍禽。

中山为针叶与阔叶混交林,林下依然生长着茂密的缺苞箭竹。林中除大熊猫、金丝猴外,还有毛冠鹿、鬣羚、斑羚以及勺鸡等兽禽。

在众多受保护的珍禽异兽中,大熊猫为旗舰物种。早在 20 世纪 60 年代,中国科学院动物研究所就在这里做过研究。

1985 年 4—6 月中旬,我们在这里做了第一次大熊猫调查。我们按境内的支沟和山脊将保护区划分为大窝凼、竹根岔和长白沟三大片。我带领一支小分队负责最远的位于保护区西北的大窝凼的调查工作。我们这支小分队的人数最少,除我之外,还有平武县林业局的张局长和管理野生动物的钟肇敏。

白马河的上游在大窝凼(即大窝凼沟),由此沟再分为南源、北源。南源与松潘县和九寨沟县的长海山梁、平武县为界;北源是九寨沟县的勿角与平武的界山。这些山的山峰海拔多数在 4500 米以上。这里山势开阔,河谷宽展,水流平缓。有些地段排水不良,还发育为小片沼泽湿地。

大窝凼的斜坡上生长着很高的云杉，树干挺拔，高者可达 50 米以上，犹似一把撑天的巨伞，树干基部的地面，直径约 4 米，铺满了枯枝落叶，较为干燥。我们每天调查归来，都在此树下夜宿。调查期间最辛苦的是张局长，他手提大刀披荆辟路，钟肇敏负责测量，我负责记录。一日归来，又忙着晚餐。我们 3 个人十分配合，有提水的、有生火的、有切菜的，各尽所能，约半小时就可席地而餐了。餐后到对面斜坡上欣赏高山草坡的山花，绿绒蒿、报春花、绣线菊、马先蒿、赤芍、红景天、杜鹃花……数不胜数。

夜间，多数昼行性的动物均已歇息，唯有夜行的雕鸮彻夜不停地"呼呼"叫着；偶尔还有鼯鼠在树间的滑翔声；黑熊正值发情期，不时地发出吼叫声……这一切都不能打扰我们的美好梦境，真是"登峦未觉疾，泛水便忘忧"啊！

我们的调查方法沿用按各条山梁和山溪一定距离设样线，根据发现的新鲜粪便、咬节长度和消化程度等个体差异综合分析，进行数量统计。统计结果为王朗保护区有大熊猫 62 只。20 世纪 80 年代和 90 年代还进行了全国第二次、第三次大熊猫调查，第二次调查期间，由于竹子开花枯死，大熊猫数量锐减，到第三次调查时有所恢复，也仅调查出有大熊猫 27 只。这三次的大熊猫调查，都是相对的数量统计，只能说明不同时期大熊猫种群的发展趋势。

进入 21 世纪，随着科学技术的发展，科研工作者已将分子生物学技术引入到大熊猫的数量调查中。通过传统方式与分子生物学技术相结合，在不干扰大熊猫生活的前提下，能够更加精确地获取大熊猫种群的真实数量。据 2015 年公布的"全国第四次大熊猫调查"数据，王朗保护区所在的平武县大熊猫的数量约为 335 只。

**大熊猫的排泄量**

大熊猫若以竹笋为食，每天约排出 150 团粪便，合计湿重约 30 千克。若以竹茎为食，每天排出 100~120 团粪便，合计湿重可达 20~30 千克。若以竹叶为食，每日排出 100 团左右粪便，合计湿重约 20 千克。实际上大熊猫在不同季节所食的笋、茎、叶的比例是不同的，如春夏以笋为主，兼食茎、叶，竹笋高发期才只吃竹笋，故它们日平均排出 100 余团粪便。大熊猫排便的次数多，无固定场所。时间分配大体是:卧穴旁一宿 20 团左右;午休卧穴旁 10 团左右;短暂停息 3~5 团;漫步采食竹子，边走、边食、边排，分散在兽径和采食径上每处 1~2 团。

# 第七章

# 跋山涉水查资源

北川羌族自治县位于四川盆地西北边缘。地势西北高、东南低,其西属岷山山脉,东为龙门山脉。最高峰插旗山海拔 4769 米,最低点香水渡海拔 540 米,自西北向东南平均每千米海拔递降 46 米。

1975 年 6 月 25 日，我们的调查队进入北川县（今北川羌族自治县）。

北川羌族自治县地势高峻，峰峦起伏，沟壑纵横，河床狭窄，水流湍急汹涌，谷底幽深。由于境内地势高低差异悬殊，植被和动物也呈带状分布。

海拔 1800 米以下的中低山多为坡地，平坝极少，植被稀少，多为农耕地，动物以啮齿类、兔类等农田动物为主，无大熊猫等大型动物分布。

海拔 1800~1900 米为常绿落叶阔叶混交林，主要有巴东栎、刺叶栎、长叶乌药、水青树、连香树、水青冈、山槐等，林下有油竹子、糙花箭竹、青川箭竹，冬季有大熊猫活动后留下的踪迹。

海拔 1900~2500 米为针阔混交林带，主要有铁杉、麦吊杉、油松、红桦、白桦、榛子等，林下有青川箭竹、短锥玉山竹和缺苞箭竹。大熊猫冬春季喜欢在这一带采食，调查时发现了大熊猫的新鲜踪迹。

海拔 2500~3500 米为亚高山林带，主要有冷杉、麦吊杉、槭树、桦等，林下有缺苞箭竹、团竹和冷箭竹。大熊猫在海拔 2600~3100 米一带活动最频繁。

海拔 3500 米以上主要为高山灌丛草甸带，大熊猫很少到这一带活动，这里主要是羚牛活动的场所。

大熊猫的活动随季节而变化。初夏竹笋在沟谷、谷坡等地先破土而出，随后相继在山腰平缓处至山脊处钻出，大熊猫为了采食竹笋也相随而至山脊。夏秋季大熊猫转至高山，以竹茎和竹叶为食。

在北川县（今北川羌族自治县），我们分成了 17 个小分队。调查时的路线从低海拔沿山脊或河谷而上，返回则从河谷或山脊而下。通过调查，基本上查遍了全县 124 个小溪沟及相应的山脊，共有大熊猫 229 只。若按山脉，西北岷山山脉分布最多，接近 200 只。

＞ 大熊猫夏天居住地。

> 晒太阳。

　　未对大熊猫保护时，除神山、神林外，当地猎人猎杀大熊猫以获得皮张、肉食或换取枪支。在大熊猫产区有六七个猎人主要用石板或木板加重砸压的方法猎杀大熊猫，每人每年要砸死五六只大熊猫，致使大熊猫的数量大大减少。

　　国家明令禁止猎杀大熊猫后，北川羌族自治县的大熊猫增长速度大大加快。1979 年、1993 年我国分别在北川县（今北川羌族自治县）西北建立了蜂桶寨国家级自然保护区和片口自然保护区，以保护大熊猫及其生态系统为主要任务。1999 年 6 月—2000 年 6 月开展了全国第三次大熊猫调查，结果显示保护区境内有大熊猫 79 只。之后，又建立了千佛山大熊猫保护区，更令大熊猫得到了有效的保护。

现在，北川羌族自治县西北的保护区与茂县宝顶沟、松潘白羊和平武雪宝顶等大熊猫保护区以及整个岷山山系的多个保护区连成了一体，估计目前有近千只大熊猫受到保护。

**大熊猫的食量**

大熊猫的食物中 99% 为高山竹类，可作为食物的竹子有 60 多种，但各个山系仅有 10 余种，而主食的竹子在北方仅有 2~3 种，在南方多达 5~6 种。大熊猫的食量很大，若每天只吃竹笋，需 40 千克左右；若只吃竹茎，需 17~20 千克；若只吃竹叶，需 10~14 千克。竹笋只需 5 小时、竹茎约需 10 小时、竹叶需 14 小时即可消化。

春夏之交大熊猫多吃竹笋，在南方还有秋笋，是大熊猫最喜欢的食物，吃时要剥弃箨壳。吃竹茎多在夏季，只吃竹株的中段，留下竹桩、抛弃竹梢，并剥弃坚硬的竹节和竹青，只食竹肉。秋季以新枝嫩叶为主要食物，吃时用前掌握住竹株，咬断勒成一束送入口中。冬季多下山吃竹叶，或留在少雪的高山吃老笋或未发枝叶的幼竹，有时还捡食一些冻死的动物尸体或去村舍捡食一些被抛弃的家畜骨块。

# 第八章

# 荒年大劫难

1974 年 10 月,我们进入青川县进行大熊猫等珍稀动物调查时发现,岷山山脉北麓和摩天岭的低山糙花箭竹、中山缺苞箭竹开花了,南坪县(今九寨沟县)的华西箭竹也开花了。1975 年,我们到平武县和北川县(今北川羌族自治县)调查,这里的缺苞箭竹已开花结实。大熊猫开始因饥荒而死亡。

> 冷箭竹的花。

岷山山脉从北至南由摩天岭、岷山、茶坪山和东南的龙门山组成。由于各山分布的竹种不同、竹林开花面积大小不一，所以大熊猫遭受灾荒的程度也有差别。

受灾最严重的是平武县，该县东南的龙门山为低山，多被开垦为农耕地，山脊上成片的竹子为糙花箭竹，已普遍开花枯死。西北摩天岭和岷山为高山，海拔 2000 米以下的河谷、肩坡已被开垦，植被遭到破坏，残存的糙花箭竹和缺苞箭竹已开花枯死。海拔 2000 米以上基本上是缺苞箭竹，而大熊猫又主要分布在 2100~3000 米一带，箭竹开花在海拔 2500 米以下，这一带就成了大熊猫逃荒的死亡带，发现大熊猫尸体 64 具，收养了近 20 只，加上未抢救存活的几只，损失至少在 70 只以上。

其次是甘肃文县，大熊猫分布于摩天岭北麓。河谷低山已被开垦为农耕地，中山破坏严重。河谷的巴山木竹和刚竹虽未开花，但面积较小。海拔 2400 米以下的中山和山脊，糙花箭竹和缺苞箭竹已开花枯死，导致大熊猫因饥荒而死亡，发现尸体 30 余具。

再次是南坪县（今为九寨沟县）东部勿角的缺苞箭竹和西部九寨沟的华西箭竹，在海拔 2400 米以下全部开花。发现大熊猫尸体接近 30 具。进入 21 世纪，九寨沟未开花的华西箭竹又开花，而 20 世纪 70 年代已开花的竹子虽经 20 余年却尚未完全恢复，加上旅游业的发展，人为影响严重。在 20 世纪末进行的第三次大熊猫调查中，九寨沟已很难发现大熊猫的踪迹。

岷山山脉北段摩天岭南麓青川县和南段北川羌族自治县的大熊猫受灾稍轻。青川县的糙花箭竹和缺苞箭竹虽已开花，但在河谷尚有少量未开花的巴山木竹，海拔 2400 米以上的缺苞箭竹、中山的青川箭竹也未开花。受箭竹开花的影响，有 10 余只衰老体弱的大熊猫个体死亡。北川羌族自治县的缺苞箭竹虽已开花，但青川箭竹和团竹未开花，故影响较小，仅有几只死亡。

竹类是无性繁殖和有性繁殖交替的多年生植物，有开花结籽→萌发→无性繁殖→恢复成林→再开花结籽的周期性，50~60 年开一次花。开花除受周期循环因素影响外，还受气候影响。同一种竹子在高海拔、低温的高山比在低山要推迟 20~30 年开花。竹子从开花到结籽落地萌发一般要经过 20~30 年才能恢复成林供大熊猫采食。

各个山系随着海拔的变化，不

> 大熊猫尸骨。

> 大熊猫进入村舍的厨房食骨块。

> 开花的缺苞箭竹。

仅植被类型不同，林下的竹类也不同。各山系可供大熊猫食用的竹子多达 12 属 63 种，仅岷山山系就有 21 种，但分布较多的主食竹类仅 6~7 种。常绿阔叶林中有巴山木竹、糙花箭竹、青川箭竹，针阔叶混交林中有短锥玉山竹、缺苞箭竹，针叶林中有华西箭竹、团竹和冷箭竹。由于中低山的竹子被大量采伐，只剩下山脊还有竹子。在一些地段或县仅保留 1~2 种竹子，如平武县仅保留缺苞箭竹，九寨沟县仅保留华西箭竹，这必然导致因竹子开花大熊猫缺食而大量死亡。

随着天然林的保护和退耕还林的措施得以实施，以及采伐后的自然更新，竹类从低海拔到高海拔都有所恢复，大熊猫所面临的困境也将随之而有所改变。

目前四川省出台了关于实施新一轮退耕还林还草的意见，在政府的一系列保护措施下，大熊猫栖息地的生态环境得到明显改善，种群正在稳步恢复。

# 第九章

# 重返邛崃山

邛崃山脉属横断山脉最东支，位于岷江与大渡河之间，是四川盆地与川西高原的分界线。北段为霸王山与四姑娘山，南段为夹金山与二郎山。

# 一 · 惊蛰雪未停

1976 年，原调查队的队员由林业厅直接领导，回岷山重新调查竹子开花枯死对大熊猫的影响。我回学校组织生物学系动物教研组的全体教师及实验员，以及 74 级一个班学生 30 余人，组成 40 余人的新调查队。2 月 22 日先举办了为期 10 天的学习班，3 月 9 日由我率队赴邛崃山，对天全、宝兴等县进行大熊猫的调查。

天全县仅有一个喇叭河保护区，位于县西北夹金山南段东麓，境内的昂州河和喇叭河于两河口与来自二郎山的河流汇合成天全河，然后再与宝兴河汇合为青衣江，最后在乐山注入岷江。保护区东侧为高山峡谷，西侧的菩萨山海拔 4905 米，而西南侧的月亮弯弯岗海拔达 5150 米。这座山岗由于常年积雪，厚厚的雪形成了半个圆圈，宛如一弯新月悬挂高空，故当地群众都称它为"月亮弯弯岗"。

区内谷地海拔多在 1600~2000 米，与西侧高山的相对高差为 2000~3500 米，重峦叠嶂，谷地幽深。山雾像天边飘拂着的轻纱，山间白云缭绕，远处迷迷离离，好似一幅水墨画。

喇叭河保护区早在 1963 年就已成立，保护的主要对象是羚牛以及与之共栖的大熊猫、金丝猴等。

正常年份惊蛰后，冬眠昆虫即醒，万物开始复苏，可 1976 年的气候十分异常，已经是 3 月中旬了，仍然是一片北国风光。参加调查的不少同学多居住在四川盆地，很少见过雪，可乐坏了。这样的气候条件调查隐居动物更是一件天大的好事。因为一场大雪之后，再从雪地追踪，既可了解动物们一天的活动情况，还可知道它们走了多远，沿途在哪里采食、休息和娱乐。

我们带了一顶较大的帐篷，除向导回家外，全体人员同住一顶帐篷。在帐篷内搭两排通铺，一排供男同学夜宿；另一排的一半为女同学的地

> 雪地大熊猫。

盘，另一半为我和其他男同学共享。中间用床单当帘子，帐篷外的厕所也有男女之别。

白天留守的两三个人的主要任务是做饭以及烘烤白天外出人员的湿鞋、湿袜。我原想以女同学留守为主，但大家都争着去野外，只好从体力方面加以考虑。

我们的工作主要是寻找大熊猫在雪被上留下的脚印。大熊猫的脚印似人而略宽，在野外类似熊的脚印，但这时熊在冬眠，而且熊的脚板有足垫，光滑无毛，大熊猫的脚板有毛，好似穿着毛鞋，既防滑，又保暖。

发现脚印后，我们就一直跟踪，观察大熊猫沿途在干什么。若吃竹茎，则需测量留下的竹桩高度和竹茎的宽度、抛弃的竹梢长度与竹茎的宽度，以供以后对比相似竹茎。统计中间所吃部分有多长、一天的吃竹数，也就知道它们的食量有多大。若采食竹叶，则需记录它们所采竹株

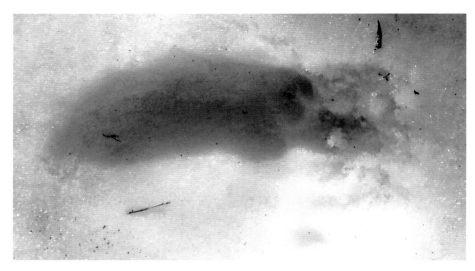

> 雪地上的大熊猫足迹。

的直径和高度，然后记清共采食了多少竹枝的竹叶，以推算其采食竹叶的量。

从雪踪也可了解大熊猫是站立采食，还是坐着采食或是就地休息。大熊猫除采食外，还会随时排便。我们收集大熊猫全天的粪便烘干称重，若竹叶、竹茎都食用，则分别称重。了解大熊猫一日排出粪便的质量，就可推测出它的日食量。

从一日粪便分布情况，还可了解大熊猫的作息时间，游荡采食时它们排出的粪便常为 1~2 团，足迹呈"Z"字形。休息 1~2 小时（多为午间休息），在卧迹旁常留下 5~10 团粪便。夜宿时，卧穴旁的粪便为 20 团左右。若为母、仔大熊猫，足迹常为一大一小，卧穴处的粪便也是一大一小，相距很近。

通过追踪也可了解大熊猫去何处饮水。从卧穴至采食地的距离，还可推测出它们大概什么时间去饮水。另外，通过挠痒、攀树、玩耍等一切活动的踪迹，我们可获得关于大熊猫各种活动的准确信息。

我们在冰冻雪盖的竹丛里弓背穿行，既要测量，又要记录，工作强度高，体力消耗也极大。每天手脚冻得僵直，湿透的衣裤成了冰盔，头上的汗珠也结为冰珠，但一天的艰辛换来了一天的收获，这才是真正的苦中有乐！

每天追踪结束以后，一场返回宿营地的下坡对抗赛开始了。男同学凭体力似猛牛直冲，女同学则巧坐雪坡直滑，若坡位好完全可以战胜男同学。

留守的同学表面看是得到照顾，实际的工作也不轻松，除了要做几十个人的饭，还要烘烤湿鞋、湿袜。在烘烤工作中他们颇有发明创造，用箭竹把袜子穿上，然后在明火中不停地旋转，很快就可烤干而不烧焦布袜。鞋子则用竹秆直接插立在火旁烘烤。

晚餐后先整理一天的记录，然后或聊天、或唱歌，夜幕降临即寝，不需几分钟即入甜蜜梦乡。

喇叭河除羚牛较多外，水鹿也不少。水鹿和羚牛都有舔食盐的习性。水鹿更聪明些，它似乎知道野外考察队的住处，夜深人静时便到这些地方去舔食树干上的便冰和雪上的尿斑。每年 3 月是它们的换角期，我们在野外调查大熊猫的同时也收集了几只脱落的水鹿角带回学校作为标本。

> 雪地休息。

> 雪地玩耍。

**大熊猫的活动**

　　大熊猫以竹为生，日食量很大，因此每天必须花十几小时忙于奔波找寻最粗嫩的竹笋、最青翠的竹茎和最茂盛竹子的枝叶以填饱肚皮。尤其是撑笋季节，它们日以继夜奔波约 20 小时找寻约 40 千克的竹笋，即使是在秋季枝嫩叶茂容易采食时也要花上 10~12 小时。它们每天的休息时间仅 8~9 小时，剩余 2~3 小时用于玩耍、攀树、搔痒、梳理毛发等求适活动。

　　大熊猫春季每天平均活动约 15.3 小时，夏季约 14.3 小时，秋季约 12.3 小时，冬季约 16.3 小时。

　　在无干扰的情况下，大熊猫每天活动的路线曲折，平均为 600~1500 米，暴雪天为寻找水源偶尔可达 4000 米，日活动范围直线距离常不到 500 米。

# 二·山险水恶

夹金山的西侧为二郎山，其东麓为天全河的西支，西麓为大渡河。二郎山主峰海拔仅 3437 米，比海拔 6250 米的邛崃山主峰四姑娘山几乎低一半，比峨眉山的金顶也仅高出 300 多米，但其山脚的海拔仅 900 余米，绝对高度达 2500 米，可见山势之陡峻雄伟。峰峦此起彼伏，若沿旧时的羊肠小道而上，真有"难似上青天"之感。联想到 20 世纪 50 年代初，解放军在修筑川藏公路二郎山段时所唱的雄壮歌曲："二呀么二郎山呀，高呀么高万丈。枯树那荒草遍山野，巨石满山岗。羊肠小道那难行走，康藏道路被它挡那个被它挡。二呀么二郎山呀，哪怕你高万丈。解放军，铁打的汉，下决心，坚如钢，要把那公路呀修到西藏。"的确，这条公路从山脚到山脊，盘旋而上足足有 30 多千米，已达万丈有余。公路两旁悬崖飞瀑直泻，

沟壑纵横，林木葱葱。林下翠竹浓郁，不仅有大熊猫隐居其中，在 1949 年左右，还有占山为王的华南虎独霸一方。林中杜鹃种类繁多，花朵大如碗，红、黄、紫……应有尽有。登上山脊，东可远眺海拔 6250 米的四姑娘山，西可遥望海拔 7556 米的贡嘎山。蓝天白云缭绕着此起彼伏的崇山峻岭，不是仙境胜似仙境。

天全河东边还有一条大支流叫白沙河，它发源于天全县与宝兴县的夹金山主脊，海拔高达 4000 米，山腰和山谷森林密布、支脊纵横、支沟

交汇，孕育了山中"三宝"——大熊猫、金丝猴和羚牛。

我们考察队从二郎山转到白沙河，已经是 4 月中旬了。麦苗在春风的吹拂下绿波荡漾，油菜花、蚕豆花、豌豆花姹紫嫣红，十分绚丽。农田间的山丘和稀疏林灌间的杜鹃花已含苞待放。燕子在田野上空捕食着飞虫，杜鹃不停地呼唤着"布谷、布谷"，一派春意盎然。

走过农耕区，进入林区的羊肠小道，道旁的报春花和杜鹃向进山的人们致以春天的问候，黑熊已从冬眠中苏醒过来，身旁还跟着蹦蹦跳跳的小黑熊。海拔 2000 米以上已少有人迹小道，我们循着羚牛的登山兽径而行。4 月是大熊猫的发情季节，我们仔细观察周围是否有两性追逐的踪迹和"咩咩"的求偶叫声。边走、边看、边想，不觉已到海拔 2800 米的悬岩下。岩壁的斜面、断面和裂穴处尚有稀疏的灌木或矮小的乔木，中间还有一些藤本植物。岩上林木葱葱，估计上面为一个夷平地带，是大熊猫最佳的活动场所，因此我们决定沿岩缝处寻找立锥之地，攀缘而上，并叮嘱学生随我而行，谨慎攀登。每向上爬一步，必上抓林木，下蹬岩

> 野猪。

坑。没爬几米,学生喊道:"胡老师我很怕!"我叫学生等在下面,我继续向上爬。不一会儿,学生又叫喊道:"胡老师,下面有只几百斤的大野猪上来了,我害怕极了!"我只好下山安抚学生:"野兽一般怕人,你只要不伤害它,它就不会伤害你。"我问他野猪在哪里?他指着右下方。其实他的惊骇声早把野猪吓跑了。

由于学生胆小,几天后我邀约实验员哈云源再次去海拔2800米的夷平地带,了解那里是否有大熊猫在找寻伴侣。经

> 观察洞穴中的熊猫幼仔。

过反复跟踪足痕、仔细辨别食迹以及比较它们排出的粪便,确定在近期至少有3~4只大熊猫已经相聚,但环境中和粪便中的气味尚不很浓厚,说明未到发情的高潮期。在邛崃山系,大熊猫的发情期一般于4月上旬开始,至5月上旬结束。这一年因天气太寒冷,可能推迟了。我们一直追踪到海拔3100米的夷平地带,仍然只有几只大熊猫活动的踪迹,没有交配迹象。已过午后,我们开始循兽径下山,受阻于白沙河主流,上下均无桥,但水清见底,我们决定涉水而过,我先试行,从静水处过河,水过膝,挽裤已湿,嘱老哈随我走过的水道过河。老哈比我矮,他选择了浅水急流,不几步就被急流冲入滩下的旋涡中,不见人影。不久,又见他浮出了水面。我急呼:"岸在左边快向左游。"所幸他还会拨几把水,终于上了岸,脸色苍白,身体颤抖。我扶着他安慰道:"'大难不死,必有后福',回去饮酒暖身,为您庆贺。"

这次在天全县的考察分了11~12支小分队,历时50天,在喇叭河保护区发现大熊猫145只,紫石公社有31只,两路公社有9只,沙坪公社

有 6 只，总共有 191 只。它们多在海拔 2100~2800 米一带的河谷、谷坡和山腰平塘等较暖而少风向阳的地方活动，活动地域的海拔较其他山系低，说明与当年积雪太深有关。同时发现了大熊猫的天敌豺和豹，它们的粪便中有大熊猫的毛和爪。

**大熊猫有嗜水的习性**

　　大熊猫所食竹类的营养成分包括粗蛋白、粗脂肪、粗灰分、无氧浸出物和部分半纤维素，这些物质都是由可溶性营养素组成的细胞内含物，除咀嚼破坏细胞壁外，必须有充足的水分才能消化吸收。不能消化的大量木质素和纤维素也要靠大量的水分才能排出体外。

　　大熊猫一般不饮静水或以冰雪补充水分，最爱饮河源的泉水。尤其是冬季，泉水较暖，只有薄冰，它们可以用掌击破，然后掏出一个水坑舔饮。若冰层厚、雪盖深，它们则下移到河谷饮流动的溪水。

# 三·万宝兴旺之乡

1976 年 5 月 2 日，我带领生物系 74 级另一班学生 40 余人，进入了"万宝兴旺之乡"的宝兴县。过去该县叫穆坪，位于邛崃山脉的中段，东北接卧龙保护区的巴郎山，西北与夹金与夹金山相接。

从川西平原西行至"雨城"雅安，然后沿着蓝蓝的、柔柔的青衣江，蜿蜒北上约 80 千米，进入到宝兴河第一道关卡——灵关峡。两岸刀刀般的山脊像片片鱼鳞似的从峰巅斜插入河谷。山岭逶迤，烟云弥漫，进入县城豁然开朗，再分出东河与西河两条支流，中为中岗，东河数十条支沟向巴郎山麓西坡辐射和中岗东麓伸展。西河则向中岗西麓分流和向夹金山东麓蜿蜒。东西河流共分出 38 条主沟，再分成 152 条支沟。沟谷两岸林木郁葱，古老的原始森林浩瀚无际，珍稀的珙桐、水青树、连香树、白桦、红桦、云杉、冷杉、杜鹃数不胜数，枝上挂着松萝，树上缠有藤蔓，林间遍布翠竹，遮天覆地，孕育着大熊猫、金丝猴、羚牛、绿尾虹雉、白腹锦鸡等珍禽异兽。

世人普遍认为四川是大熊猫的故乡，宝兴实则是闻名于世的大熊猫发祥地。这要追溯到 19 世纪，法国传教士戴维首先在中国四川省穆坪县（今宝兴县）发现了大熊猫。

戴维（中文名谭道卫）1826 年出生于法国西南部比利牛斯山区的一个小镇，他的父亲多明尼格是一名医生，在镇上颇有声望。他在父亲的引导和鼓励下，博览了有关自然历史的学术文献，常常到离家不远的山

中采集蝴蝶和昆虫标本。然而，他的主要抱负是成为一名传教士，并于1850年在教团中立誓。1852年，当他还在一所学校任教时，便在给校方的信中说到中国去传教是他梦寐以求的事情。1862年，他被任命为传教士出使中国。在他启程之前，巴黎自然博物馆的负责人米尔恩·爱德华兹委托他采集各种动植物标本。他到达北京后不久，便着手进行这一工作。

戴维神父自1862年起2次来华，在华工作了整整12年。他收集到许多动物，其中鸟类有772种，定新种60个；鉴定兽类220种，定新种63个。

第一次来华时，戴维以骆驼为主要交通工具，深入到风沙强劲、人烟稀少的内蒙古高原。他在一望无际的大草原上，采集了不少标本。

1868年10月13日，戴维第二次来华，乘船从长江逆流而上，绕过急流险滩，经历了漫长的旅程到达重庆，继续前进到达成都。在城里他到处打听有关附近山里各种珍稀动物的消息。他在日记中写道："我忙于收拾行李，以便次日出发，如果上帝保佑，就在穆坪县（今宝兴县）待上一年，大家都说那里有奇草异兽。"

1869 年 3 月 1 日，他抵达了穆坪县（今宝兴县），在天主教会学校安顿下来后，便着手采集标本并组织猎人为他猎捕大型动物。

3 月 11 日，阳光明媚。戴维神父在一名学生的陪同下前往何家店一处较低的河谷寻找标本。他在日记中写道："在归来的途中，当地一位姓李的猎人请我们到他家里去休息，他用茶和肉款待我们，他是这个河谷中拥有土地的地主。在他的家里，我们发现一张黑白毛皮，它看上去相当长，这是一种非常奇特的动物。猎人告诉我，我肯定不久就会获得这种动物，我十分欣喜。他们明天一早就出去猎杀这种动物，它肯定是科学上一个有趣的新种。"

3 月 23 日，戴维神父在日记中写道："猎人出去两天后今天返回，他给我捉到一只活着的幼体白熊，然而遗憾的是他们把它杀死了以便携带。他们以十分昂贵的价格把这只幼体白熊卖给我，它除了四肢、耳和眼圈是黑色的，其余部分都呈白色，其毛皮同我那天在姓李的猎人家中见到的那张成年的毛皮颜色相同。因此，这肯定是熊的一个新种，它之所以奇特不仅因为其毛色，而且因为其掌下有许多毛……"

4 月 1 日，他又写道："他们又给我带回一只白熊，告诉我这是一只完全成年的个体。它的颜色与那只我已经得到的幼体白熊的完全相同，黑色不那么黑，白色更脏污一些。这种动

> 戴维。

物的头很大，吻短圆。"

戴维神父立即将自己的发现告诉他在巴黎的朋友们，并把这种动物命名为黑白熊（*Urus melanoleucus*）。

当戴维神父的标本运到巴黎后，米尔恩·爱德华兹对这一奇特动物的皮和骨骼进行了仔细地观察后，意识到他的朋友戴维已误认它是一种熊。因此，米尔恩·爱德华兹在一篇发表于 1870 年题为《论西藏东部的几种哺乳动物》的文章中写道："就其外貌而言，它的确与熊相似，但其骨骼特征和牙齿系统与熊的区别十分明显，而是与小熊猫和浣熊相近。这一定是一个新属，我已将它命名为大熊猫属（*Ailuropus*）。选择这个属名意在使人记住，这一新发现的食肉动物与当时人们所知的小熊猫（*Ailurus*）的足相似。"后来分类学家采用了米尔恩·爱德华兹的名称，今天它的学名便叫作 *Ailuropoda melanoleuca*（David）（David 加括弧表示戴维所定属名已改正）。

> 戴维发现的大熊猫标本。

### 大熊猫的昼夜活动节律

大熊猫日活动的高峰期有晨、昏两次，凌晨 4：00 为高峰期，一直延续到 9：00，日出后处于低谷，稍事休息后有一次午前活动，午间又稍休息后，再开始活动，至 18：00 达到一天最高峰后慢慢减缓，午夜 0：00 处于最低谷。

春季白天活动与夜间活动时间大体上各占一半，为典型的昼夜活动节律。夏季白天活动时间多于夜间活动时间，秋季白天活动时间更长，冬季凌晨 3：00 即起来活动直至 19：00 达到活动高峰后才下降。

因此，一年中大熊猫每天的作息时间一般为 0：00~2：00 休息，2：00~7：00 凌晨摄食，7：00~10：30 休息，10：30~11：00 漫游、玩耍，11：00~12：00 午前摄食，12：00~14：30 午间休息，14：30~21：00 午后及黄昏摄食，21：00~ 次日 2：00 午夜休息。

# 四 · 走遍圣山净水

参加宝兴县调查的教师和学生近 50 人，分成 13~14 个小分队，然后再分为东、西两个部，东部负责东河区域，西部负责宝兴河及西河区域。我带领的 8 个小分队负责东河区域。

宝兴县东北侧的邛崃山西麓与卧龙自然保护区相连，为四川盆地向青藏高原过渡的高山深谷。海拔 4200 米以上的山体均集中在境内的北段。自北向南山势渐低，一般海拔均在 4000 米以下，至境内南缘的东河河谷降至海拔 1000 米左右。东河纵贯于境内，它源于中梁子山，全长约 90 千米。东岸的森林保存较好，邓池沟海拔 1600 米以上多为原始森林，冷杉、云杉浩瀚，林下短锥玉山竹和冷箭竹茂密，各支沟再分小沟，其沟尾河谷开阔，给大熊猫的栖息、繁衍提供了良好的生态条件。经调查，境内有 60 余只大熊猫，多集中在中段邓池沟至锅巴岩沟一段，尤以青山沟和黄店子沟最多。

1976 年 6 月 8 日，在邓池沟上方海拔 1840 米的汪家沟，有一个村民发现了一具大熊猫的尸体。我得知这一消息后，带了两个学生前往。可是隔着一条东河，近处又无桥，只有一条溜索横跨东河。溜索为两根粗的铁链绞合而成，上面挂着一个三角形铁丝

> 藏族居民。

架，底端有一块木板，人坐在木板上，手扶三角形铁丝架的两端，由于人的重力，很快就滑至河中，溜索下垂将及水面，下面河水滔滔，令人不寒而栗，我们只好鼓足力气用双手紧握溜索的铁链，一手一手地攀越才达彼岸。上岸后在村民的带领下，经过2小时的攀爬，在沟边见到了那具大熊猫的尸体。从外观看，这是一只雌性大熊猫，但尸体已开始腐烂，将其腹腔打开，一股强烈的恶臭气味立即喷出，两个学生捂着鼻子跑开了，我只好忍着恶臭进行检查，发现胰脏已溃烂，内有3条蛔虫，接着检查肠道，在十二指肠又发现了1856条，胃内有380条，总共2239条大熊猫蛔虫。然后检查其牙齿，臼齿已基本磨平，说明它至少活了18岁，但没有逃过隆冬这一劫。

东河上游的硗碛藏族乡，支流如网，既有茂密的原始森林，也有如花似锦的高山草甸，孕育了众多的珍禽异兽。仅大熊猫，全乡就调查到121只，占了全县大熊猫总数的三分之一还多。

西河片区的源头为夹金山东北麓，流经永兴（今永富）、陇东、玉龙三个乡，于两河口与东河汇合，注入宝兴河，再流经城关（今穆坪镇）、中坝、灵关和大溪等乡镇而出宝兴县境，与天全河汇合而集成青衣江在乐山注入岷江。

西河上游两峡谷较陡，大小支沟河源处的谷坡均很开阔，森林和箭竹茂密，经过6个小分队半个月的调查，发现的大熊猫仍不少，在西河流域有112只，下游宝兴河及其大小支流流域有42只。

通过我们在宝兴县的调查，发现该县有313只大熊猫，分布于全县13个乡镇（今合并为7个乡镇），其中以东河、西河上游的硗碛藏族乡和永兴乡最多，达183只；中下游盐井乡和陇东乡次之，为44只；其他各乡逐渐减少。第三次全国大熊猫调查，该县仅有163只大熊猫。

大熊猫数量下降，除1983年冷箭竹大面积开花导致老弱因饥荒而死外，还由于北京动物园在该县两河口曾建了一个野生动物狩猎站，在1954—1978年共捕获了78只活体大熊猫运到北京，加上之后又捕捉了40余只，共捕获120多只。这些大熊猫除在全国各地展出外，其中有18只作为国礼由我国政府馈赠给了苏联、朝鲜、美国、日本、法国等国家。再加上历年来该县有偷猎大熊猫的行为以及大熊猫本身繁殖力就很弱，致使大熊猫种群难以恢复。

> 藏寨。

近年来，大熊猫种群有了一定的恢复。全国第四次大熊猫调查结果显示，宝兴县共拥有181只野生大熊猫，数量在全国县（区）中位居第二。与第三次调查的163只相比，该县的大熊猫数量均有增加。位于该县的蜂桶寨保护区，有37个大熊猫种群，位列雅安市第一。

**大熊猫的求偶行为**

大熊猫平时过着独栖生活，一旦进入性成熟期，发情时便发出各种声音信息，并通过留在环境中的嗅觉和视觉信息，保持两性之间的紧密联系。发情期，有一只甚或多只雄性大熊猫尾随雌性大熊猫。。

声音信息：大熊猫平时很少发出叫声，偶尔发出的声音也很单一。发情前期和高潮期叫声会发生系列变化，初为嗷嗷叫、嚎叫与咆哮声，高潮时常发出咩叫、呻吟与唧唧声，声音信息量大、速度快，可远距离传播。

嗅觉信息：大熊猫发情前期即开始在所到之处的树干或突出物上擦蹭性嗅斑，粪便和尿液中也有发情的信息。嗅觉信息面广，保留时间长。大熊猫之间通过嗅觉信息能彼此通报性别和生理状况。

视觉信息：表现为烦躁不安，抓树啃枝。传出的信息仅限于近距离。

# 第十章

# 南下凉山

凉山是大凉山和小凉山的总称，位于四川盆地西南的岷江、大渡河、金沙江和安宁河之间。山脉呈南北走向，山体高大，山地气候垂直变化明显，四周的河谷气候干热，山地多断隔。山脊平缓宽阔，称为凉山山原，气候十分凉爽，因而人们称之为凉山。

# 一·首进越西

1976 年 6 月，我们先在学校培训了生物系 75 级一个班 50 名学生，加上教师共 60 余人组成调查队，于 6 月下旬，由南充市经成都市、雅安市、石棉县到越西县，乘汽车历时 3 天抵达目的地，开始了对凉山彝族地区大熊猫的调查。

凉山的 6 个县均有大熊猫分布，它们是大凉山的越西县、美姑县和甘洛县，小凉山的马边彝族自治县、雷波县和峨边彝族自治县。

越西县地处小相岭东麓和大凉山的山岳地带，县城海拔 1697 米，西边的阳糯雪山铧头尖海拔 4791 米，东边的年渣果火山海拔 3998 米。成昆铁路经过境内。

越西县北接甘洛县，东与美姑县毗邻，南临喜德县和昭觉县，西与冕宁县和石棉县交界。我们这支开门办学、搞科研的特殊调查队，晴天调查，雨天结合调查讲授动物学。鱼类讲授山沟急流的裂腹鱼类，两栖类讲授大凉疣螈、大鲵等珍稀有尾两栖类，爬行类讲授大熊猫栖息地常见的菜花原矛头蝮（毒蛇）和四川特有的横斑锦蛇，鸟类主要讲授四川山鹧鸪、白腹锦鸡、红腹角雉等珍禽，兽类则讲授大熊猫、小熊猫、水獭等。

> 菜花原矛头蝮。

我们分成 3 个组、12 个小分队，分北、中、南三个片重点调查山区林地的大熊猫等动物。

大熊猫，彝语称"俄曲"，意为吉祥洁白的熊。通过调查，我们发现越西县有大熊猫 87 只。不同海拔大熊猫分布情况不同。

海拔 1600 米以下的地域已经被开垦，动物很少。海拔 1600~1900 米的地域，植物主要为河滩砾石灌丛，植被稀少，人为影响强烈，多被开垦为耕地或果园，珍稀动物稀少，在河溪中有裂腹鱼、山溪鲵、大凉疣螈和大鲵，无大熊猫的踪迹。海拔 1900~2700 米一带，植被主要为次生灌丛与撂荒地，仅离村寨较远的山沟残存有小片落叶阔叶林，栖息在这一带的动物也很少，冬季曾发现 36 只大熊猫排出的粪便。海拔 2700~3200 米一带为针阔叶混交林，栖息在这一带的动物开始增多，除林麝、金猫外，陡峭山岩还有猕猴和藏酋猴，调查到 20 只大熊猫栖息在这一带。海拔 3200~3700 米一带为针叶林带，这一带过去覆盖着莽莽天然森林，1958 年四川省凉北林业局成立，1971 年又建立了越西伐木场，

加上成昆铁路纵贯县境，森林破坏严重，大熊猫退居于偏远山脊，仅有大熊猫43只。

越西县的大熊猫集中分布在县东南的申果庄，该区域分布了50只大熊猫，占全县总数的56%以上。2002年，经四川省人民政府批准，建立了四川申果庄省级自然保护区，其面积为337平方千米，保护对象为大熊猫及其生态系统。

申果庄，彝语意为古老美丽的大森林，地处大凉山腹地，东与美姑大风顶国家级自然保护区接壤，北与甘洛县马鞍山省级自然保护区毗邻。北为大渡河水系甘洛河的河源地，南为金沙江水系西溪河的上游。相传，在申果庄省级自然保护区所在地的拉吉乡乡政府以北7000米处有一个被彝族同胞称为"翁我过"（意为白发苍苍老者的头顶）的高海拔森林里堆积着衰老后自然死亡的大熊猫白骨。这些虽为传说，但从另一个方面也

表明申果庄曾经拥有很多大熊猫。当地人称申果庄为"大熊猫窝窝"。

1976 年 8 月，我们结束了历时约两个月的越西县调查，60 余人的庞大队伍走遍了全县境内的大小溪沟和林区。返回学校时，由于成都闹地震，很多人露宿在街上，旅馆不接待旅客，我们只好连夜赶回南充市。

▼ 大鲵。

### 大熊猫的家域

大熊猫一生中生活和活动过的地方，生态学上叫作家域或巢域。

由于大熊猫以竹类为食，竹子在山野里分布广泛，竞食竹子的动物也很少，故它们的家域比大小相似的黑熊的家域要小 5 倍，比食肉的虎、豹的家域至少小 10 倍。

雄性大熊猫的家域一般比雌性大熊猫的家域稍大，为 6~7 平方千米，但每月只在一半的地方活动。雌性大熊猫的家域为 4~5 平方千米，但多活动于约 0.3 平方千米的区域（也称核域），雌性间的核域是隔离的，只在繁殖期准许雄性大熊猫拜访。大熊猫每月仅在 1/10 的家域面积内活动。幼年大熊猫至 1 岁半后开始离开母亲的家域到处游荡，至 2~3 岁建立 4~6 平方千米的家域，栖息环境较成年大熊猫差，一旦时机成熟，体力强壮，将占领先辈留下的良好栖息地。未成年的大熊猫外迁能力很强，最远可迁到 20 千米以外，这样可避免近亲繁殖。

# 二·永葆常态的美姑

美姑——一个多么讨人喜欢的名字。然而，我们这里所记述的"美姑"，则是四川省西南部凉山彝族自治州万山丛中的美姑县。

相传凉山彝族的祖先有古侯和曲涅两系，他们从云南迁入凉山，首先定居在"林木莫姑"，为了纪念这一重大历史事件，建县时用后两个字的谐音表达为"美姑"，沿用至今，饱含着人们对它的热爱之情。

美姑县东和东北与雷波、马边两个县相邻，南和西南与昭觉县接壤，西和西北与越西县、甘洛县连接，北与峨边彝族自治县毗邻。美姑县地处凉山彝族自治州的腹地，大凉山的东北侧，全县平均海拔 2000 米以上，地形复杂，沟壑纵横，深谷割切，基本无平坝。

美姑河、连渣洛河自北向南贯穿县境，两河于牛牛坝镇汇合出境后成为溜溜河，自西向东经雷波县注入金沙江。在县境的东北，还有挖黑河，自西向东汇入马边河后注入岷江。境内水系纵横、水质清澈、水流湍急。

美姑县由于地处山岳地带，因而气候的水平和垂直分布差异很大，变化无常，适于大熊猫的栖息地达 358.56 平方千米，潜在栖息地为 6.90 平方千米。

海拔 2200 米以下多开垦为耕地，人为影响很大，仅距村落较远的山沟和峭岩残存有小面积的常绿阔叶林，其中也混生着少数次生落叶林。林下有丰实箭竹和刺竹子。大熊猫仅冬季下移到这一带或至河溪饮水，调

> 美姑的"美美"生育的双胞胎。

查中只发现 2 只大熊猫的踪迹。顺着调查路线发现有小熊猫和林麝，河溪中有大鲵。

海拔 2200~2500 米一带为常绿阔叶林与落叶阔叶混交林，落叶林中有古老的珙桐和连香树。林下以短锥玉山竹为主，还有八月竹等，大熊猫冬天在这一带活动，调查时仅发现 3 只。这一带有金猫、云豹，据说过去还有华南虎，林缘有猕猴、藏酋猴和斑羚等珍稀兽类。

海拔 2500~3500 米一带主要为高山针叶林带，有云南铁杉、云杉、麦吊杉和冷杉等，林下有马边玉山竹和冷箭竹，为大熊猫常年栖息区域，发现 41 只大熊猫的踪迹，它们常活动于山脊、山腰、河谷及各支沟的沟尾平缓处的阴坡和阳坡。林中还有林麝、小熊猫、水鹿、血雉、红腹角雉等动物。

海拔 3500~4000 米一带为亚高山灌丛草甸。灌丛中有箭竹，但很矮小，未发现大熊猫活动的踪迹，但有羚牛和岩羊等珍稀动物。

这次调查是从 1976 年 9 月初开始的，我们一行 20 余人，由四川省林业厅派了一辆面包车随行。我们从成都出发，第一天在峨边彝族自治县川西林业局歇宿，次日翻过椅子垭口进入美姑县境，途中汽油几乎耗尽，司机只好无动力滑行至

> 爬树。

洪溪才加上油，到县林业局已是夜晚。

调查时，两名队员、一名林业局职工和一名向导，4个人组成一个小分队，共8个小分队，对境内美姑河和挖黑河及其大小数十条支沟，逐沟、逐山脊进行调查。

调查期间日食两餐，早餐为主餐，吃肥盐肉加干饭。中午带着馒头，在山上围着篝火，一边烤湿了的衣裤，一边烤馒头和竹笋，清香四溢，不是盛餐，胜似盛餐。

通过这次调查发现，美姑县的大熊猫主要集中在县境东北角大风顶山麓西侧和挖黑河和美姑河的支流河源地带。调查结束后，四川省林业厅上报原林业部，经国务院于1978年批准，建立了"美姑大风顶自然保护区"，以后升级为国家级自然保护区，面积为506.55平方千米，其中适于大熊猫栖息的区域有358.56平方千米，保护区内有22只野生大熊猫。

美姑大风顶保护区建立40年来，不仅大熊猫得到了有效的保护，还向国内外提供了6只大熊猫。在圈养大熊猫方面成绩斐然，其中最突出的是雄性"贝贝"和雌性"美美"两只大熊猫。

"贝贝"产于越西，是我国赠送给墨西哥的雄性大熊猫，它与宝兴产的雌性大熊猫"迎迎"配为一对。1980年8月11日，一只大熊猫幼仔在墨西哥诞生，这是在西方世界出生的第一只大熊猫幼仔。这只大熊猫取名"胜利"，是一只雌性大熊猫。但它出生仅一个星期便被没有育仔经验的"迎迎"在睡觉的时候不小心翻身压死了。

1981年7月21日，第二只大熊猫诞生了。"迎迎"有了第一次的教训，这只幼仔存活了。于是该动物园在全国征集它的名字，最后取名"多威"，意为墨西哥男孩（后来发现"多威"为雌性大熊猫）。在墨西哥儿

童节这天，墨西哥组织了200多万儿童为"墨西哥男孩"庆祝。孩子们唱着为大熊猫谱写的歌曲，跟在装有大熊猫模型的彩车后面，此情此景令人难以忘怀。

1983年7月22日，"迎迎"又产了第三胎，为雄性，取名"亮亮"，它在1999年5月23日死去，死时近16岁。

1985年7月25日，"迎迎"产了第四胎，为龙凤胎，一只为雌性，取名"秀华"，它在2013年4月27日死去；另一只为雄性，出生两天后死亡。

1987年6月15日，"迎迎"产了第五胎，又是龙凤胎，雌性"绍绍"现在还活着，雄性出生3天后夭折。

1988年1月20日，"迎迎"留下"贝贝"先一步死去，死时14岁半。

1990年7月1日，"迎迎"的长女"多威"与英国的"佳佳"婚配，产下1只雌性大熊猫"新新"，这是世界上第一次产下的圈养第二代大熊猫后裔。

"贝贝"在西方世界的表现可圈可点，在熊猫界被评为最称职的英雄父亲后，于1991年10月13日死去，死时17岁。

另一只留居在成都动物园的雌性大熊猫"美美"的表现也不错。1980年9月20日，"美美"生了一对双胞胎，存活一只雌性，名为"蓉生"。

1981年9月18日，"美美"产了第二胎，为雌性大熊猫"锦锦"，"锦锦"后来繁殖了3胎。

> 求偶。

1984年9月9日，"美美"产下一只雌性大熊猫，取名"成成"。"成成"于2012年3月6日去世，共孕育8胎10仔，其中成活7仔。

1985年9月24日，"美美"产下一只雌性大熊猫，取名"庆庆"。"庆庆"共孕育9胎13仔，并且幼仔全部成活。

1986年9月20日，"美美"产下一只雌性大熊猫，取名"都都"。

1987年9月17日，"美美"产下一只雌性大熊猫，取名"美琪"。

1988年9月24日，"美美"产下一只仔，次日死亡。

1989年9月20日，"美美"产下一只雌性大熊猫，取名"晶晶"。

"美美"从1980年开始在成都动物园生活了12年，共产16胎22仔，真不愧为大熊猫界的英雄母亲。

　　美姑县由于受传统的刀耕火种的原始生产方式、狩猎和采伐方式的影响，海拔3200米以下的地方大都成为撂荒地，大熊猫栖息地一时难以恢复，大熊猫被迫退居于各山脊的高寒地带。加上竹子开花和山洪暴发，一些大熊猫多在大风雪的冬季逃荒而跑出林外。

　　2001年1月17日，尔合村的彝族同胞到地里劳动时意外发现一只约80千克重的大熊猫在村旁一尊巨石上享受"日光浴"。彝族同胞立即向村干部反映，村干部们赶紧送上马铃薯、荞麦和玉米，但大熊猫只是嗅一下就走了。于是，村干部们组织乡亲杀了一头山羊煮熟喂它。大熊猫饥不择食地抓起一条羊腿就啃了起来。次日，县林业局将这只大熊猫接到县城兽医站体检，又杀了一只绵羊款待它。直到确认一切正常后，第三日，在县委书记等人的千叮万嘱下，县林业局用专车将这只获救的大熊猫送到大风顶自然保护区的瓦侯原始森林里。

2004年3月8日，峨曲古乡合觉莫村发现一只误入村民猪圈的大熊猫。县里获悉此消息后，县委书记带领有关干部共30多人奔赴现场。经过9个多小时的跋山涉水，将大熊猫安全运回县城，安置在一间幽静、消过毒且干净的房间内，并迅速组织兽医和科技人员实施救治。他们准备了纯净水、苹果、嫩竹、甘蔗及玉米糊，但大熊猫眼不睁、嘴不张。为了减轻大熊猫对新环境和人的恐惧与抢运途中的疲惫，他们不断地轻轻抚摸它。9日晚上，医生们给它喂盐水和胃肠消毒液，它咂了几口又闭上了眼睛，既不进食，也不排便，精神状态很差。10日凌晨，它的恐惧感与疲惫感逐渐消失，张开嘴喝了一些纯净水。11时，再给它灌以药物，自饮纯净水、玉米糊等食物后，它的情绪和体温开始恢复正常，呼吸为每分钟20~25次，冰凉的皮肤开始有了温度。午后1时，大熊猫开始取食鲜嫩的箭竹，食欲状况渐佳。傍晚，它开始排便，先为散状，半夜开始排长椭圆状粪团，还坐着用前爪抓箭竹，精神状态与体力明显好转。

3月11日，经检查，这只大熊猫为成年雌性，体重115千克，体长1.6米，身体无外伤，可能由于气候突变、饥饿、疲劳等原因，致使它的精神状态不佳、食欲不振、身体虚弱，经救治，已恢复正常。大家将它送到保护区内竹类茂密、水源好的椅子河坝林区的山林中。放归后，保护区还派出专人对它进行了3昼夜的野外跟踪监测，结果显示这只大熊猫一切正常。

**大熊猫具有特殊的消化系统**

　　大熊猫在系统分类学上属食肉目动物，但食性已高度特化为以竹为生。其消化系统既不同于食肉类动物，也不同于食植物类动物。其牙齿臼齿增大，齿冠具有复杂的磨面，齿根很长，以方便咀嚼粗糙的竹子。食道与食肉类动物相似，但具有丰富的黏液腺。胃为单室的腺型胃，能分泌丰富的胃液。肠道很短，仅为体长的4.5倍，没有盲肠，因此不能消化竹子的纤维素和木质素，只能消化吸收细胞内含物和部分半纤维。肠黏液腺很发达，既可保护肠黏膜不受损伤，也有利于粗糙的竹子残渣黏成粪团，起着润滑剂的作用。小肠绒毛长而密，肠壁肌肉厚，提高了运送、消化、吸收食物的能力。

# 三·踏入大熊猫的南疆

　　大凉山山系位于我国大熊猫分布的南端，而雷波县又位于大凉山的东南，故该县实际上为现存大熊猫分布的南限。

　　雷波县位于大凉山的东南麓，金沙江中游的北岸，面积为 2728 平方千米，南北长 85 千米，东西长 70 千米。东北和屏山县相毗邻，南隔金沙江与云南永善县相望，西与金阳县、昭觉县和美姑县相连，北接马边彝族自治县。

　　全县地势大致自西向东倾斜，大凉山东麓纵贯全境，为大渡河与金沙江的分水岭，海拔 600~3700 米。最高峰在西南，与金阳县为界的狮子山海拔 4076 米。全县山峦崎岖，沟壑深切，河流纵横，基本上无平坝。主要水域除金沙江外，还有溜筒河。溜筒河发源于大凉山南麓，经美姑县，再从雷波县西南注入金沙江；西面还有西苏角河，发源于黄茅埂南麓，于抓抓岩汇入金沙江；东南有双河沟，发源于西宁镇以南的大宝峰，于中田乡大岩洞汇入金沙江；西宁河发源于大风顶的东麓，于屏山县新市镇汇入金沙江。另有两个地震湖，一个是马湖，位于雷波县东面的黄琅镇；另一个是乐水湖，在雷波县附近。

　　由于西有黄茅埂为障，北以茶条山为屏，雷波县受东南季风的影响较大，但到冬季受北方冷气团的影响较弱，属于亚热带季风气候。其特点是温暖湿润、雨量充沛、多云雾，颇适合暗针叶林和绿阔叶林的生长，给一些喜欢潮湿的动物提供了良好的隐蔽及栖息条件。

　　雷波县境内海拔 1500 米以下为常绿阔叶林和常绿针叶林，但人为影响很大，植被破坏严重，只在山沟或陡岩还保留有残林。局部有人工营造的桤木、小片杉木林或柏木林。栖息在这一带的动物十分稀少，冬季是刺竹子、三月竹的发笋季节，偶有大熊猫在这里逗留。

　　海拔 1500~2000 米为常绿阔叶林带。海拔 2000~2400 米则为常绿阔叶与落叶阔叶混交林带，落叶树有珍稀的连香树，林下灌木丛中有八月竹、筇竹、大叶筇竹和大风顶山竹等。每到冬季，大熊猫喜欢在人为干扰较少、植被保存较好的这一带林区活动，并在发笋期采食竹笋。

海拔 2400~2800 米为针阔叶混交林带，至海拔 2800~3700 米则变为暗针叶林带。这一带有八月竹、筇竹、大叶筇竹、白背玉山竹和冷箭竹等。随着竹笋的萌发，大熊猫下移到这里采食竹笋、幼竹嫩枝，然后逐渐上移到暗针叶林下采食冷箭竹，到秋季又开始下移采食八月竹的秋笋和筇竹的新枝嫩叶。植被破坏严重的地区，大熊猫只能长期留在山脊以冷箭竹为生，到冬季下移去采食残林下的竹叶，甚或下至村寨的房前屋后采食竹子或捡食人们抛弃的猪骨、牛骨、羊骨。

冬季人手少，我们的调查队只分成了 4~5 个小分队，从 1976 年 12 月开始了对大熊猫的调查，中间停了一段时间返家过春节，1977 年 3 月回到雷波县继续调查。对大渡河和金沙江流域在县境内的大小支流，以及流域间的山脊和河谷，进行了普遍的追踪调查和访问，发现县境内有 51 只大熊猫。

雷波县境内由于有成都至西昌的公路横贯，再加上

至县城的公路将县境分割为三片，大熊猫也基本上集中分布在这三片中。县境北部西宁至三棱岗公路、成都至西昌公路一线以北以及大风顶东麓马边河和西宁河之间的茶条山最集中，有大熊猫36只；其次是县西南黄茅埂南麓和西苏河上游，有大熊猫8只；再次是县境东北、县城以东至马湖，有大熊猫7只。

实际上雷波县的大熊猫汇集在大凉山东麓，县境西北的谷堆乡、山棱岗乡和拉咪乡，金沙江水系西苏河流域。该区域已于2001年被雷波县人民政府批准建立为保护区，同年经凉山州人民政府批准升级为"四川麻咪泽州级自然保护区"。2003年，将其升级为"四川麻咪泽省级自然保护区"。保护区总面积为476.41平方千米，其中核心区为247.93平方千米、缓冲区为31.44平方千米、实验区为197.04平方千米。

保护区地势走向自西向东倾斜，最高点圣湖姆拉错海拔3960米；最低点马拉甲谷海拔1200米，垂直高差2700余米。区内山峦叠嶂、山体

雄峙、山谷幽深、地势陡峻。

海拔1600米以下的土壤为黄壤，海拔2000米为山地黄棕壤，海拔2200米为山地棕壤，海拔2500米为山地灰棕壤，海拔3500米为山地棕色灰化土，海拔3500米以上为高山灌丛草甸土。土壤表面的有机质含量高，自然肥力较好，为植物生长提供了优良的环境。

这里的气候属四川盆地东部亚热带湿润类型。冬季长而寒冷，夏季短而温凉。海拔2500米以下四季分明，海拔2500米以上无明显的四季。年平均积雪时间长达200天，年降水量达1600~2000毫米。境内河流主要依赖降水、融雪和地下水补给，流程短、落差大、水量充沛、水质优良。

保护区的植被起源古老，森林生态环境保存完整，61%的森林覆盖率中，天然林占90%以上。保护区共有国家重点保护野生植物14种，其中国家一级重点保护野生植物有4种，包括珙桐、光叶珙桐、红豆杉、

南方红豆杉；国家二级重点保护野生植物有 10 种，包括油麦吊云杉、连香树、水青树、金毛狗、峨眉含笑、油樟、楠木、西康玉兰、香果树和金荞麦。

大熊猫的主要食物竹类十分丰富，保护区内的森林面积达 253 平方千米，覆盖了保护区总面积的 53%。在阔叶林下有丰实箭竹、三月竹、刺竹子，针阔混交林下有白背玉山竹、大风顶山竹、筇竹、大叶筇竹、八月竹，在针叶林下有冷箭竹。

根据四川省第四次大熊猫及其栖息地调查，保护区有大熊猫 10 只，分为南北两块栖息地，其中有 7 只分布在与马边大风顶国家级自然保护区连接的北部的麻咪泽省级自然保护区，有 3 只分布在南部的拉咪乡、长河乡。因此，保护和管理好这个保护区的意义十分重大，它可以阻止我国大熊猫种群继续向北衰退的趋势。

保护区内除大熊猫外，其他野生动物资源也很丰富，属于国家一级重点保护野生动物有 9 种，分别为豹、云豹、羚牛、大熊猫、川金丝猴、林麝、四川山鹧鸪、金雕和黑颈鹤；国家二级重点保护野生动物有 43 种，

> 　白鹇。

包括猕猴、藏酋猴、中华穿山甲、豺、黑熊、斑羚、中华鬣羚、岩羊、小熊猫、水鹿、红腹角雉、白鹇、白腹锦鸡、多种鹰和鸮类等。四川省省级重点保护的动物有毛冠鹿、小麂、山溪鲵等40余种。

雷波县的森林植被和自然条件十分优越，自然历史资源也极为丰富。曾有老虎进衙门、水鹿夜间到马湖街上游走的记载。在清代，由于当地人口稀少，山区彝族尚处于原始部落时代，人类经济活动对自然环境的影响较小，野生动物处于自生自灭阶段，甚至由于数量过多酿成一定程度的兽害。到了民国时期，人类的社会经济活动深入至雷波县境内，急剧地改变着自然界，乱砍滥伐导致森林资源遭受极度破坏。中华人民共和国成立后，随着经济建设的需要，大型省级森工企业在雷波县建立了雷波林业局，使茶条山东段西宁镇的森林受到严重破坏，大熊猫被迫向北和西迁移。随着公路建设、沿途森林破坏、人口增长，以及不合理的耕作制度，大熊猫在县境内破碎为北、东、西各3个独立种群。

自20世纪70年代进行大熊猫的调查之后，大熊猫受到了空前的重视。20世纪70年代，谷堆村的一个彝族农民在山中发现一只大熊猫在树上啃食野果，他担心大熊猫掉下来，便匆匆回村邀约了30多个小伙子上山救援，可大熊猫怎么也不肯下树。他们大声吆喝，大熊猫慌忙中一连攀爬上了3棵古树，与人保持着一定的距离。最后只好挑选8名强壮的彝族同胞，用绳套套住大熊猫后将它抬下山，喂白糖稀饭，采来竹子，精心守护了7天，确认这只大熊猫一切都正常后，才将它放归。

1978年，谷堆村彝族同胞在丛林中发现一只大熊猫幼仔，他们在它

> 2月龄小仔。

栖息的洞旁守护了几天，怎么也不见它的母亲返回洞穴。为了这只幼仔的安全，他们用背篼将它背回村里，精心饲养了26天后，才将它送到凉山彝族自治州林业野生动物救助中心。

1992年1月9日，天空正下着暴风雪，从瓦札村天然林中跑出一只饥寒交迫的大熊猫。当它摇摇晃晃地来到村边寻找水源时，由于体力不支掉进了水井。牧归的彝族青年见状急呼："不得了啦，大熊猫落入水井中了！"他边喊边跑回家，拎着一只水瓢同父亲一道飞奔现场。父子俩见水井口小下阔，一时很难把大熊猫救出，便以接力赛的办法，一瓢又一瓢地把水井的水往外舀。村支部闻讯后，一边派人火速向马颈子区区委报信，一边组织20多个民兵在水井边护卫着大熊猫。县林业局、区委、区公所和乡村及时组成抢救小分队，冒风顶雪，连夜跨越几十千米的崎岖山路，于次日凌晨两点多赶到。他们用3根树干搭起支架，套上绳子，将大熊猫从井中救了上来。不料，大熊猫的一条腿摔伤了，经全力抢救，才转危为安。之后根据四川省林业厅建议，将大熊猫及时送往成都动物园医治。

1994年，汶水镇蕨箕坪有一只雌性大熊猫误入彝族同胞的羊圈。镇政府闻讯迅速组织了20多个民兵跋山涉水赶赴现场，将大熊猫诱出羊圈后迅速抬到汶水大桥。同时，县林业局派来的汽车早已等候在桥头，及时将大熊猫运回精心安排的兽舍里，专人喂养了3个月。喂养期间，县林业局特意组织中小学学生前往参观，并向他们宣传保护大熊猫的意义。待大熊猫完全恢复体力后，经上级主管部门批准，及时将它运到山棱岗鱼儿坝林区，让它回归大自然。

以上几例足以看出雷波县从领导到群众对大熊猫的重视程度。自保护区建立以来，当地政府、林业主管部门以及保护区管理处通过电影、广播、标语、会议等各种形式在全县范围内宣传《森林法》《野生动物保护法》等法律法规。不仅如此，雷波县还积极响应国家保护天然林和退耕还林的政策。在积极广泛宣传的同时，还与乡、村签订了管理责任制，推行大熊猫保护行政领导负责制。当地政府、居民都支持大熊猫的保护工作与保护区建设工作，能积极配合保护区开展的各项活动。近年来，雷波县的大熊猫栖息地已明显地扩大了，目前麻咪泽省级自然保护区内有10只大熊猫，大熊猫栖息地为289.17平方千米。在保护工作积极开展的背景下，大熊猫走村串寨的情况也少了，它们过上了宁静的安居生活。

**大熊猫的发情年龄与寿命**

　　幼年大熊猫由于肛门缘有伸缩性的外皮紧紧包藏着外生殖器，很难辨别雌雄，逐渐发育后性别才有所显现。

　　雄性大熊猫的犬齿比雌性大熊猫的粗大而稍长，根据自然死亡的61只大熊猫头骨鉴定，其雄性、雌性比为1∶1.18。

　　雌性大熊猫约6.5岁初发情，7.5岁性成熟可以受孕；雄性大熊猫7.5岁初发情参加争配，但还争不上交配权。野外大熊猫比圈养的晚1~2年性成熟。

　　大熊猫性成熟后每年发情一次，为单发情。发情时间多在初春报春花开放时，一般为3月下旬至5月上旬，多在4月中旬。出现发情行为表明大熊猫进入了成年。少数个体由于春季交配未成功，有秋季7—9月再次发情的情况。受孕后要间隔一年再发情。

　　大熊猫的寿命最长为20岁，这时，雄性大熊猫不参与争配，雌性大熊猫也不再生育。多数大熊猫的寿命为16~17岁。

# 四 · 再跋大风顶

1976 年秋高气爽时节，我们曾到过美姑县大风顶西麓，然后踏过黄茅埂进入小凉山。1977 年 4 月初，我们这支珍稀动物调查队 20 余人，翻过雷波茶条山进入马湖北边的马边彝族自治县，再次跋山涉水踏遍大风顶东麓。

马边彝族自治县位于大凉山东北麓、马边河上游，属四川盆地西南边缘山区，处于四川盆地与云贵高原的过渡地带，总面积 2375 平方千米，森林覆盖率达 41.52%。东与屏山县和沐川县相邻，南与雷波县毗邻，西与美姑县接壤，北与峨边彝族自治县和沐川县交界。全县地势西北高、东南低。境内叠嶂重峦，山势高峻，谷岭相间，地形复杂，平地极少。海拔 1000 米以下的低山仅占全县总面积的 20% 左右，基本上无平坝。

境内东有黄连山、大红岩；南有茶条山、黄茅埂、大风顶和鸡公山；

> 四川山鹧鸪。

北有药子山、大花埂、大王山；西与美姑县的界山相邻。大风顶是境内最高峰，海拔达 4042 米。

境内的黑水河与玛瑙河经屏山县注入金沙江，马边河贯穿县境，并在境内分成 7 条支流，主要的支流和几十条小溪沟分布在全县，结成羽状水系，孕育着大熊猫等野生动物。

马边彝族自治县由于地形复杂，海拔高差悬殊，因而气候差异也很明显。部分低山河谷地区气候温

和、雨量充沛，属亚热带季风气候，但随着海拔的升高，气温与雨量也发生了显著的变化。全县约 80% 的中山和亚高山地带气温显著偏低，日照偏少而雨量偏多，无霜期偏短，冬季积雪期较长。形成了冬干、春旱、夏涝和秋雨连绵的气候特点。

随着地形、地貌和水热条件的变化，植被存在垂直差异，因此林中栖息着的野生动物也不同。

海拔 1500 米以下为常绿阔叶林和常绿针叶林带，主要是村落和耕地，人为影响很大，仅在山沟或陡岩保存着部分残林。在较潮湿的酸性黄壤的谷坡，有人工营造的小片杉木林；而在含钙质或中性黄壤一带则营造着柏木林，林下灌木层以竹类为主，主要有丰实箭竹、三月竹和刺竹子，后两种于 9—10 月发笋，其味鲜美，部分大熊猫会到少人居住的僻静区域采食竹笋，间或留居，冬季食其竹叶，春季尚有几种刚竹，也可成为它们的主要食物。河水中有名贵的裂腹鱼。溪涧中曾有较多的大鲵（今已少见）和少量水獭。林灌有白腹锦鸡、白鹇和四川山鹧鸪等珍禽。

海拔 1500~2000 米为常绿阔叶林带，林下以箭竹为主，间或有三月竹，它们 4 月出笋。另有刺竹，稍高海拔的地方还出现了八月竹，这两种竹子 9—10 月出笋。这几种竹子的竹笋味道特别鲜美，故大熊猫常下山去吃。林中还有金猫、林麝和稀有的云豹，林缘和草坡有毛冠鹿和水鹿，悬崖峭壁有鬣羚和斑羚等。

海拔 2000~2400 米为常绿阔叶林与落叶阔叶混交林带。林下灌木成分复杂，但箭竹、大叶箭竹、八月竹和马边玉山竹仍占优势，覆盖率达 70%~80%。大熊猫 6 月以后逐渐到这一带活动，到夏季继续往上移，冬季再往下移。这一带的小熊猫多于大熊猫，其他动物与 1500~2000 米一带大体相似。

海拔 2400~2800 米为针阔叶混交林，其上线与暗针叶林相接，下线与落叶阔叶林犬牙交错，栖息的动物也有上下混杂的现象。主要动物有大熊猫、小熊猫、林麝、水鹿、羚牛、黑熊、野猪和豹等。

海拔 2800~3200 米为暗针叶林，主要为冷杉，林内腐烂倒木与站杆较多，处于衰败的过熟林阶段。林下灌木以八月竹、白背玉山竹、大风顶山竹和冷箭竹为主，生长茂密。夏季大熊猫多栖息在这一带，小熊猫在这一带活动较少，羚牛在这一带活动的时间较长，绿尾虹雉在冬季到这一带活动。

我们重点调查马边彝族自治县的西部。这些地方山势很陡，植被以常绿阔叶林为主，有大熊猫66只，其中90%分布在县境内西部的高山峻岭和山腰河谷。由于山势陡峻，大熊猫的摄食行为不同于其他山区，它们往往将竹子搬运到平缓地带坐着采食。

中午我们在山上围着火堆，饮着泉水，品尝着烤熟的蘸上椒盐的八月竹笋或玉山竹笋，尤其是八月竹笋，更是美味。可以领悟到唐朝诗人白居易的《食笋》诗篇："此州乃竹乡，春笋满山谷。山夫折盈抱，抱来早市鬻。物以多为贱，双钱易一束。置之炊甑中，与饭同时熟。紫箨坼故锦，素肌擘新玉。每日遂加餐，经月不思肉……"不同的是我们是在夏秋时节，且以椒盐为辅料。食后又因争夺了大熊猫的佳肴而深感不安。

马边彝族自治县境内的马边大风顶国家级自然保护区于1978年经国务院批准成立。该保护区位于小凉山主脊东麓，面积达301.46平方千米。地势中部高，山岭线海拔3500~4000米。大风顶东侧的都孜郭岗海拔达4035米，一般谷地海拔800~1400米。河谷山峦对峙、谷坡陡急，坡度多在38度以上，主要属深切割的中山地貌。河流属岷江水系，东侧溪流源于大风顶东麓，自西向东呈树枝状汇集，注入高卓营河；西侧支流源于美姑大风顶西麓，汇入马边彝族自治县挖黑河，自西向东，与高卓营河相会后改称马边河，再向北注入大渡河，而后归于岷江。西北与美姑县境内的大风顶自然保护区相连，东南与雷波县境内的麻咪泽自然保护区相连。大熊猫主要分布在县西南瓦侯库、白家湾、铁觉、高卓营和永红5个乡的阔叶林下或针阔叶混交林的竹林内，栖息地面积达332.61平方千米，有大熊猫18只左右。

# 第十一章

# 建立大熊猫生态观察站

　　原国家林业部决定在四川省从北到南建立 3 个大熊猫生态观察站，对大熊猫进行长期的观察和监测。北边设在岷山南坪县（今九寨沟县）白河保护区，由重庆博物馆和重庆师范专科学校（今重庆师范大学）负责组织有关人员；中部设在邛崃山汶川县卧龙自然保护区，由南充师范学院（今西华师范大学）负责组织有关人员；南边设在凉山马边大风顶自然保护区，由陕西动物研究所负责组织有关人员。

# 一·选址

1974—1977 年，我们对岷山、邛崃山、相岭和凉山的大熊猫进行了 4 年的追踪调查，初步掌握了它们的分布规律，但由于是流动式地集中在某一段时间进行调查，我们对它们的生物学方面实际上还未深入触及。

1978 年 3 月，我从南充启程到卧龙自然保护区。向当时的负责人说明情况后，我主动提出要与两个人一起商量选择建观察站的地址。一位是原红旗森工局营林处的周守德，小周思维敏捷，能吃苦，对卧龙山野很熟悉。1974 年他参加了我们的珍贵动物调查队，是一名主力队员。另一位是彭加干，他年纪与我差不多，故叫他老彭，也是我 1974 年进卧龙时认识的老朋友。

对于选址，我提出了三个条件：一是地点应距公路和管理局近；二是大熊猫有一定数量的种群；三是建址应在大熊猫活动的边缘地带，避免干扰大熊猫的正常活动。几分钟后，小周与老彭一致认为卧龙关对岸干沟的肩坡最符合上述三个条件。我提议第二天上山去看看后确定。

所谓卧龙关海拔 2000 米，实际上是从汶川县到小金县的一个小村庄，也是来往行人必经之处。地形远看好似卧龙俯饮皮条河水，龙身为皮条河北岸一连串的小山峰组成的山脊，犹似一节节龙的躯体，龙尾在沙湾下方。

皮条河发源于海拔 6250 米的四姑娘山，自西向东穿过整个卧龙保护区，全长 50 余千米，两岸壁立千仞，河谷狭窄，河道犹似弯弯曲曲的皮带，故称为皮条河，其最低海拔仅 900 米，河谷落差达 5000 余米，水流湍急。

我和周守德从沙湾出发，沿着去小金县的公路步行约 4000 米到达卧龙关，老彭已准备妥当，在家里等着我们。然后由老彭引路，小周殿后，越过卧龙关一座摇晃的索道桥，顺着干沟攀爬上山。所谓干沟实为积有

很多乱石的河沟。由于卧龙正下着大雪，故干沟积雪很厚，早已填平了乱石，成为一条雪白的银沟。我们踏着河岸陡峻的雪坡，艰难地连走带爬约1小时，到了海拔2500米的夷平带，抖下身上的积雪，稍事休息后沿着山脊继续攀爬，沿途能看到大熊猫留在雪地里的踪迹和粪便。到了海拔2800米的另一处夷平带，老彭称它为二道坪。这里山势平缓，森林茂密，积雪及膝，是大熊猫活动的中心区域。我们越过二道坪，到了东边的一座山脊，沿脊而下来到白石直立的岩崖，老彭称它为白岩。白岩为海拔2500米的夷平地带，可称之为一道坪。这一带相对而言大熊猫的活动踪迹少了些，已到了大熊猫活动的边缘地带。我们开始沿着海拔2500米的平缓山坡寻找理想的建站地址。走了约20分钟，看见一座小山脊，上面生长着密密麻麻的杜鹃，近旁有小溪流，颇适合建站，可作

> 在五一棚交流工作。

为初选。接着继续沿着积雪跋涉约 15 分钟，又过了一条小溪流，然后再前行几分钟，见到一个大约 50 平方米的缓坡，坡下有一个小泉水坑。这里更适合建站，下有泉水坑，可扩为水池，必要时还可引近旁溪流的水饮用，加上距卧龙关更近一些，故最后决定以这里为以后的观察站。

　　1978 年 4 月正式建站。最初仍从干沟而上，以后觉得这条路虽便捷，但山势太陡，搬运东西太难，决定改在干沟山脊东边的坡面，修一条蜿蜒的小道而上。卧龙自然保护区管理局接受了我们的意见，派了一个班的工人支援修山道，我们要求"五一"节前修通。最初盘山弯道很大，十分平缓，随着工期逼近，他们只好把弯道变小，小道变陡，直上一道坪。与此同时开始建站，平地最初搭了两顶帐篷，一个木板棚作为厨房兼烤火房，厨房与泉水坑之间修了 51 级台阶。因当地把帐篷叫棚，我根据从泉水坑到帐篷的 51 级台阶，建议将我们的观察站定名为五一棚观察站，得到了大家的一致响应。最初的五一棚观察站，除我外，还有保护区的周守德、田致祥、彭加干（老彭）、王连科、廖幼德共 6 人。

五一棚的山下为卧龙乡的村寨，河谷为农耕地，主要作物为马铃薯和玉米，主要蔬菜是白菜。农耕地的上面为灌丛和幼林，主要有大叶醉鱼草、刺榛、瑞香以及枸子，还生长着很多野生草莓，家养的绵羊和山羊游牧其间，路旁草丛有山蛭（俗称旱蚂蟥）和血蜱（俗称草虱子）两种寄生虫，它们靠吸人畜的血为生。再往上爬，山路弯曲变得窄而陡，路旁灌丛更加茂密，中间出现了华山松，林下生长着拐棍竹。最后爬上一个山嘴，迎宾小径十分平坦，路旁杜鹃丛生，乔木层除了华山松，还有铁杉。沿迎宾小径行约 15 分钟，绕过一个弯便到了五一棚。五一棚观察站海拔2520 米，走得快大约需要 1 小时，慢行、中间歇息 1~2 次需要一个半小时就可到达。

# 二·五一棚的环境

　　五一棚地处山脊，西有干沟河谷，东为臭水沟河谷，臭水沟因中途有一处含硫的温泉注入而得名，因其水质清澈，我们把它更名为秀水沟。山脊的最高处是齐头岩，海拔 3624 米。此外，还有几个较小的山脊伸入两条溪流。从二道坪分出一座小山脊，之间为干沟，再越过一座山脊，就到了转经沟。从二道坪东侧坡流出的金瓜树沟，绕过白岩注入臭水沟，又越过一座叫中岗的山脊，坡下为臭水沟的含硫泉水注入处，再向上跋涉约 300 米便到了与二道坪相对称的方子棚，这里也是大熊猫频繁活动的区域，其下为原草地沟。五一棚观察站所在的位置就位于由这两条主沟和几条支沟与小山脊组成的复杂又起伏的山地中。这里山坡很陡，坡度多为 20~30 度，接近几个夷平带的陡峭处坡度达 50 度。人和大熊猫常沿着大小山脊行走，其地形也常常突然耸起。由于大熊猫常在转经沟

和臭水沟活动，因此我们把方子棚原草地沟和英雄沟的部分地方也划入研究区域，面积为 35 平方千米。我们大多在海拔 2300~3100 米一带进行观察研究。

　　根据我们的记录，五一棚降雪期是从当年的 10 月下旬到次年的 4 月，气候较冷且潮湿。降水大多在 5—9 月东南季风的高峰期，总降水量在 900 毫米左右。每年11 月到次年 3 月平均最低温

度在 0 ℃以下，最冷时为 −13 ℃左右。每年 3—4 月和 10—11 月为气候过渡月份，天气变化无常，时而飘雪，时而下雨，有时雨雪俱来。6—8 月为最暖和的季节，平均每天的最高温度为 16~19 ℃，偶尔雨停云散，阳光照进河谷，温度可上升到 20 ℃。

山地气候的变化还体现在遇上风云突然来袭之时。从南方和东南方来的云层遇到邛崃山脉无法越过山顶，因而停留在河谷中，每月都有 15 天以上的降水，其中大多在夜间。即使不下雨，山坡上也是烟笼雾绕，层层密盖，到处都湿漉漉的，露珠欲滴，太阳少有出现。11 月，天气开始好转，在冬春两季，有时接连一个星期或更长时间都是晴空万里。

这里的植被主要分为三种类型：针阔叶混交林、亚高山针叶林和高山灌丛草甸。过去这三种类型的植被覆盖着整个研究区域，但现在因为人为活动使一些山坡上的这些林型有了相当大的改变。从 20 世纪 30 年代起一直到 70 年代许多针叶林都被选择性地采伐了，尤以方子棚和干沟一带最为严重，几乎变为了次生阔叶林。到 1972 年停止采伐时，转经沟的针叶林几乎被伐光。1974 年英雄沟停止采伐时，有些地方也被砍伐得乔木全无。

> 五一棚。

五一棚对面的山坡曾被开垦为耕地，20世纪60年代耕地荒弃后，长出了山柳、刺榛和其他灌木，营林部门还在那里营造了四川红杉和云杉。五一棚所在河谷的山坡上有小片开垦的耕地，村民仍在继续砍伐，尤其是在面朝着皮条河谷的山坡上，其结果是一些地方的森林已经或正在沦为次生灌丛，直到21世纪才部分还林。

在靠近臭水沟的谷底有一小片次生的常绿落叶阔叶林，其中生长着栎树、杨树和连香树。除此之外，海拔2600米以下的所有森林都属于针阔叶混交林。由于很多四川红杉、云杉、铁杉和冷杉被砍掉，占优势的是槭树、尾叶樱、桦树、椴树、水青树和华西枫杨等阔叶树种。这些树的郁闭度为60%~90%，树冠高低不一，针叶树高达35~40米，其余达25~30米。下层树种有山柳、荚蒾绣球、木姜子、假稠李、陕甘花楸、北京花楸、三桠乌药以及几种杜鹃，特别是星毛杜鹃，大多数不超过8~12米。林间空地和小径沿途生长着小檗、蔷薇、季丽莓、冬青和茶藨子，灌丛中的多鳞杜鹃十分引人注目，在下层中还有竹林。浓荫下的地被层中有泥炭藓、羽藓及其他苔藓和一些蕨类，以及诸如酢浆草、唐松草、单叶升麻和肾叶金腰之类的草本植物。地势平缓而潮湿的地方泥土常常很厚，在腐殖层下面是一层厚厚的暗棕色酸性土壤，接着往下是一层厚50~80厘米、粒状、淡棕黄色的疏松轻壤，最下面是一层较浅的千枚岩碎石。这些地方生长着茂密的草本植物，如蛇根草、龙胆、莲叶点地梅、黄水枝、六叶葎、荨麻、接骨木、鹿药、鹿蹄草、禾草和苔草，偶尔还有兰草。因土壤不稳定及存在坡陡，每年都会发生滑坡，在滑坡处草木不生或植被十分稀疏。

五一棚西北边缘大多为次生灌丛，其中有花楸、蔷薇、山柳、刺榛、川滇海棠、大叶醉鱼草、紫花丁香、楤木、平枝栒子、杜鹃以及其他高灌丛的植物，偶尔有几棵树立于其间，实际上是过去林型的残存。6—7月，叶子十分宽大的鬼灯擎在湿润的空地上绽开枝枝白花。

在五一棚的观察范围内约有150种树木，它们大多生长在低海拔地区。海拔2500~2600米这一过渡地带上，一些植物突然或渐渐消失。水青树、刺榛、木姜子和华西风杨没有了，多鳞杜鹃、黄花杜鹃和好几种槭树也骤然消失。从这一海拔向上直到森林分布线都是亚高山针叶林。其树种相对复杂些，铁杉、云杉、冷杉和各种落叶树种混交。到了海拔2800~2900米的地方，只有岷江冷杉和两种桦树仍大量存在。大多数林

中灌木稀疏，覆盖度在 10% 以下，只有转经沟上游灌木丛生；沿途和空地里生长着丛丛孤草。地被植物主要由苔藓组成，山脊上有冷杉和几种杜鹃，坡上树木寥落。就全域而言，这一带大约有三分之二的地方都覆盖着针叶林，其郁闭度通常在 75% 以上。海拔 3200 米以上的地方树木开始变矮。至海拔 3600 米以上，冷杉和杜鹃都呈丛状，其间是一片片匍匐生长的高山柏以及羊茅、蓼、马先蒿和刺续断等高山草甸植物。

易同培在《四川竹类植物志》（1997）中介绍，四川省有竹类植物约 19 属 164 种，其中可供大熊猫食用的竹类植物加上秦岭的共有 12 属 63 种，我们在卧龙已经发现 7 种，其中白夹竹和石绿竹只是零星分布，不常见。华西箭竹分布在皮条河上游，研究区域内没有分布，油竹子只分布在人类活动干扰严重的耿达河的低山坡。在卧龙饲养场里有从凉山引种的一片刺竹子。短锥玉山竹在卧龙有大面积分布，但研究区域内却少有分布。在我们的研究区域内主要生长着两种竹子：一种为拐棍竹，生长在低海拔处，在卧龙可低至海拔 1600 米；另一种为冷箭竹，分布在高海拔处，上线可达海拔 3400 米。这两种竹子的过渡地带为海拔 2500~2600 米。拐棍竹呈丛状生长，初夏（5 月）时，大熊猫喜欢下移到竹林吃其竹笋，以后逐渐上移，冬季有部分大熊猫下移采食其竹叶。冷箭竹的竹鞭很长，大熊猫常采食其竹茎和枝叶以及冬季的老笋（未发枝叶的当年幼竹）。

除高处外，整个研究区域内都生长着竹子，约 25% 的竹子是拐棍竹，其余为冷箭竹。拐棍竹较高，竹株的平均高度为 2.5 米，有的高达 4.5 米，偶尔也有超过 5 米的，基部直径平均为 0.85 厘米，但细的只有 0.3 厘米，粗的可达 2.5 厘米。每平方米生长着 30~40 株不同高度的竹子。竹梢常呈弯垂状且相互交错，人难于从中穿行。陡坡和乔木多的地方、沟谷和土壤浅薄的地方、弃耕过的地方，拐棍竹寥寥无几。在背阴、寒冷且拐棍竹长势较差的地方，有小片的冷箭竹分布。

冷箭竹很细，直径 0.3~0.8（平均 0.5）厘米；也很矮，平均高 1.4 米，但也有达 2.5 米的。一株株密密麻麻，每平方米有 70~75 株，比拐棍竹高出一倍以上。到了海拔 2600 米以上，冷箭竹普遍地分布着。尽管在谷底、覆盖着苔藓和杜鹃的山脊以及陡峭的东坡和东北坡上冷箭竹长得很稀疏或根本不生长，但在较开阔平缓的地方却常常遍地覆盖，很少有空地。大多数地方的覆盖度为 50%~60%，而在方子棚、二道坪一带以及转经沟和其他一些地方，覆盖度达 80%~90%。这些地方竹子长得太密，以至于下面的植物很少，即使是苔藓等地被植物也不多。海拔 3200 米以上竹株的高度仅 20~50 厘米。到了海拔 3300~3400 米，竹子逐渐停止生长。

每年 11 月，落叶阔叶树完全凋零，地面上铺满了棕黄色的落叶，经过一夜的霜冻后，早晨踩在脚下的落叶给人一种清爽的感觉。经久不散的雾霭和蒙蒙细雨已经消失，天气转为晴朗或开始下雪。最初积雪很快就融化了，但随着季节的推移，山谷以及东坡和东北坡上都开始积雪。12 月至来年 1 月，冬季正式到来。早晨，流水结冰厚达 10 毫米，桦树上结满了霜，杜鹃的树叶紧紧卷裹着，竹子冻得僵硬。森林里一片沉寂，偶尔有一群普通鸦、山雀或暗绿绣眼穿过。尽管许多小沟都结了冰，但溪水仍在结着冰的石头间潺潺流动。一场大雪之后，白雪压弯了针叶树

> 树上休息。

的枝丫和竹枝，但在西坡和南坡很少长时间积雪。因为针叶树、杜鹃和竹子四季常青，整个冬季森林一片翠绿。3月中旬，溪流的边缘和小径上的冰雪几乎消融。杜鹃树的叶子伸展开来，一群群的血雉开始分散活动，准备筑巢，春天最先争艳的淡紫色的宝兴报春花含苞待放。这时天空仍然在下雪，尤其是夜间，但很快就融化了。

　　4月则充满了生机。杜鹃花开始吐艳，不那么显眼的打破碗花花、山酢浆草、堇菜和肾叶金腰也开始开花，各种蕨类植物冲破湿漉漉的枯叶层，水青树琥珀色的叶子像金币一样在清晨的斜照里闪耀，正在吐露嫩芽的四川红杉和槭树染绿了山坡。4月下旬，拐棍竹地下的竹鞭开始发出新笋。4月底，太阳鸟和其他一些候鸟又回来了，杜鹃响亮的叫声不断在林中回响，高山姬鼠也产仔了。5月，假稠李、木姜子、尾叶樱、蔷薇和悬钩子一类的树木和灌丛芬芳斗艳，延龄草、蛇根草、点地梅和黄水枝的白色花朵点缀着深绿草地，天南星、鹿蹄草和微孔草在路边开放。山蛭也抛头露面了，褐头雀鹛躲在竹丛的巢中孵化带有蓝色斑点的卵。6月，山谷里常常云雾缭绕，开始进入雨季。云雾升高，山峰仍然十分阴暗，仿佛是在浓荫下。植物湿漉漉的，小径踩上去软而富有弹性。7—8月，雾与雨依然如故，但季节已在不知不觉间从夏天转变到秋天。9月份，竹笋已不再长高，桦树叶泛出淡黄色，湖北花楸上结满了一串串白色的浆果，白色、粉红色和硫黄色的蘑菇在森林中闪耀。岩松鼠拼命地吃着榛果以备冬眠，丘鹬在向气候较湿暖的地方迁移的途中。10月，槭树叶转为金黄色，荚蒾树叶变得绯红。第一片雪花宣告冬天来临了。

> 红腹角雉。

# 三·大熊猫的活动与繁殖

1978 年 4 月，我们正式开始了五一棚的观察工作。在五一棚的观察范围内，我们共设了 7 条观察路线，分别是五一棚直下臭水沟、干沟各小山脊、五一棚后山直上二道坪至海拔 3100 米以上、中岗山脊上牛刀扁沟下、臭水沟（一、二、三支沟）、方子棚、臭水沟主干。每条线路都是

从沟或山脊自上而下，从山脊或沟返回五一棚，尽可能不走重复的路线。每次出发还要带上镰刀，不断砍除路旁的竹子和灌丛。经过反复调查，五一棚 35 平方千米范围内有大熊猫 24~35 只。

4 月上旬，大熊猫散发出求偶的嗅觉信息和"咩咩"的求偶叫声。4 月中旬，一只甚至几只雄性大熊猫开始追寻配偶，雄性间不时发生争配的斗争，胜者最终获得婚配的权利，以后又各自离开。

婚配后，大熊猫便从婚配场到低山拐棍竹林区采食新发的竹笋，它们夜以继日地抢食竹笋，并随着竹笋由低至高的萌发，随之向上移动，一直至 5 月竹笋已脱离箨壳而露出青色，它们还将竹节及以下青色部分咬弃，吃白色的部分，同时还兼食一些冷箭竹的竹茎或枝叶。

6 月，它们已全部上移到了冷箭竹林，多采食竹茎。采食竹茎时常留下竹桩，只吃中段，并剥弃竹节和竹青，只吃白色的竹肉，竹梢也弃之。有的个体还兼食一些竹叶；老年个体已无法咬断竹茎，主要采食冷箭竹的枝叶。

7—8 月正值冷箭竹新枝嫩叶萌发时节，几乎所有的大熊猫这时都在采食枝叶。它们将一束束枝叶用"手"勒成一把咬断，然后抖一下，似在把灰尘抖掉，然后从口角送入，几口就把一束竹子的枝叶吞进肚皮。

8 月下旬，雌性大熊猫已寻找到适于产仔的树洞，为 9 月初产仔做好准备。产仔洞多在森林茂密、避风、竹子的枝叶多尚未枯萎、地势平缓且距水源很近的地方。树洞中有腐朽碎木屑以及从洞外拖进来的树枝和竹子等，十

> 哺乳。

分简陋。大熊猫一般一胎产一仔，也有一胎产二仔的。大熊猫妈妈哺育幼仔时常用背部挡住洞口，以阻止北风呼啸入内。洞内温度稳定，黑暗而幽静。大熊猫妈妈基本上寸步不离幼仔，排便也只是将臀部伸出洞外，堆积的粪便常达数百团之多。之后数日，趁午间温度升高，大熊猫妈妈才迅速就近采食一些枝叶和饮水，打盹也是坐着，一直抚养幼仔度过漫长的冬季，待到春暖花开时，幼仔已能活动，才带领其外出。

秋时气爽，温度适宜，光照柔和。一些在春季未交配成功的个体，在这时的气温条件下春潮涌动，发出求偶的各种信息，应唤的雄性大熊猫也会响应而追随，待到高潮时，也会收获秋后的硕果。不少山系在年初能见到初生幼仔。

随着雪花在天空的初飞，大熊猫多下移至海拔 2700~3100 米一带的针叶林内，继续采食冷箭竹的枝叶和竹茎，有时也采食花楸、尾叶樱等的浆果。

10 月以后，随着一场雨雪，枯叶落地，宣告冬天来临。

卧龙的冬季十分漫长，往往长达 5 个月之久。多数的大熊猫开始从针叶林往下移至针阔叶混交林内。进入到 11 月，风雪天增多了，海拔 2900 米以上开始积雪，冷箭竹被压弯了的竹梢互相交织着，增加了大熊猫在竹林里采食竹子的难度，它们下移到海拔 2600~2800 米一带活动，或到雪被较薄或容易融化的阳山坡活动。它们的食物由以冷箭竹的枝叶为主转至采食尚未萌发枝叶的老笋为主，兼食部分竹茎。12 月上中旬随着连日的晴朗，积压在冷箭竹竹梢上的雪开始融化，大熊猫这时又可以上移至海拔 3000~3100 米一带，继续采食老笋。每年 1—2 月是最冷的季节，积雪很厚，尤以沟谷最深，冷箭竹上一片白雪，大熊猫随之下移，一般多在海拔 2800 米以下活动，甚至下移至海拔 2400 米。在冷箭竹林里

大熊猫除了采食老笋，也采食凋零的竹子枝叶和竹茎；或到拐棍竹的竹林里，不得已采食最不喜欢的枝叶，再兼食一些竹茎。3月气温开始回升，但波动较大，时冷时暖。大熊猫时上时下，但一般多在海拔2700~2800米一带活动，采食老笋。在漫长的冬季，很多动物，尤其是老弱病残者，因抵御不了风雪交加的严寒而被冻死。大熊猫一旦发现冻尸，便立即恢复祖先的食肉本性，享受冰冻野尸。在这个季节我们曾发现大熊猫的粪便中有呈团的林麝毛、竹鼠毛、毛冠鹿毛，甚至大熊猫的毛和爪。我们在白岩附近还发现过大熊猫的粪便似白泥，经仔细分析，实际上是吃过冻菌后排出的未消化的菌丝纤维。

由于大熊猫所食的食物很粗糙，故它们每天必须饮水，但冬季寻找水源可不容易。它们一般会寻找雪被稀少的河流源头渗出的泉水，多用前掌击破冰，掏水而饮；找不着这样的水，只好远足到臭水沟，甚至下移到皮条河去饮水。除冬季外，大熊猫总是在海拔2800米附近上下移动。

# 四·大熊猫对环境的适应与习性

　　从分类学上来讲，大熊猫虽然属于食肉类动物，但早在八九百万年前它们就从古食肉类的祖先演化成了始熊猫。据对始熊猫化石颌骨最后一枚上前臼齿和下颌第一枚臼齿分析，其已不具有撕裂肌肉的裂齿特征，这说明始熊猫至少已演变为杂食性了。到了300万年前，出现了比始熊猫身体稍大的小型大熊猫，它们的牙齿也进一步朝着食竹的方向发展，已接近现代大熊猫的牙齿了。到了更新世，冰川多次发生，天气异常寒冷，它们的躯体适应着这种变化而慢慢增大，以降低代谢和能量的消耗，故更新世中后期的大熊猫比现在的还大。冰川结束以后，大熊猫为适应变暖的气候又相对变小。但它们毕竟还是生活在高山严寒的环境里，故仍然保留着一副较大的身躯以降低能量的消耗，适应完全以采食低营养竹子为生的生活。

　　野生大熊猫的体重一般为60~100千克。生活在青川县、平武县一带的大熊猫由于竹种单纯，漫长的冬季也不下移采食低山多种类型的竹子，长期的环境欠佳，以致虽纬度偏北身体也显得稍小；而生活在南方凉山的大熊猫因优越而丰富的竹子资源，使它们的身躯变得相对大些，至少比生活在北边青川县、平武县的大熊猫大四分之一。在动物园长大的大熊猫，一般都在100千克以上，我国送给苏联的大熊猫"平平"，其体重竟达151.5千克！可见动物的体重既与环境有关，也与营养相连。五一棚的成年大熊猫体重为75~97千克，比凉山的大熊猫稍小，略大于岷山、青川县、平武县的大熊猫。

　　大熊猫吻短、脸圆、头大，整体较浑圆，这与它们具有丰满的咀嚼肌肉，适应以竹子为主要食物的生活有关。大熊猫的鼻子稍隆起，扩大了鼻腔，可增加空气的流通，以适应高山空气稀薄的环境。大熊猫眼睛周围有一个黑色的眼圈，略向两侧倾斜。眼睛很小，其瞳孔纵裂似猫，

有利于调节焦距，以适应密林能见度差、夜幕降临在微弱的光线下找到可口的竹子的需要。一对黑色的耳朵又圆又大，显示它们的听觉比视觉更灵敏些，以利于收集声波。身体上的这些黑色，还可以吸收热能，以抵御高山寒冷的气候，加快神经末梢的血液循环，减少热量的散失。

　　大熊猫的脖子很短，具有发达的颈肌，支撑着硕大而沉重的头部。

　　大熊猫的尾巴初生时很大，继承了它们祖先的长尾，在生长过程中逐渐缩短，尾毛蓬松。尾部有尾下腺，肛门四周有发达的肛周腺。当树干和地面突出物与大熊猫的臀部擦蹭时，这些腺体会产生分泌物，并凭借着蓬松而粗大的尾起着扫帚的作用，将分泌物涂刷在附着物体上，形成气味斑，将信息向四方发出，以弥补视觉和听觉发出的信息短暂和不能超越障碍的不足。尤其在繁殖期，处于密林中两性的信息交流更显其生物学上的重大意义。

　　大熊猫的四肢粗壮，以支撑肥壮的躯体。前肢和后肢都向内撇，行走时蹒跚而慢条斯理，不善奔跑和跳跃，这与它们长期隐居茂密的竹林有关。同时，它们也习惯漫步于浩瀚的竹林，选择可口的竹株和粗大肥厚的竹笋，没有必要奔跑或跳跃而多耗费不必要的能量。有时即使是受到惊吓，也只是快步进入竹林藏身或就近爬上树隐藏于树冠中。它们的脚掌与光滑的熊掌不同，具有厚而密实的毛，在行走于苔藓、光裸的岩石和攀爬大树时起到了防滑的作用。它们的前脚大拇指旁还有一块由桡侧腕骨特化的"伪拇指"，从而摆脱了其他食肉目动物的啃食习性，可用"手"抓竹搬笋，并握着食物进食。它们的指端和脚趾端还具有粗大的爪，方便迅速地攀爬岩石、上树逃避危险或进行"日光浴"，在雄性间争夺配偶的决斗和防患天敌来犯时也是一件锐利的武器。

大熊猫不仅珍稀，黑、白两色的外形也格外醒目，故 1961 年世界自然基金会（WWF）成立时选中它作为会徽和会旗，大熊猫也因此成为当今国际野生动物保护的象征。

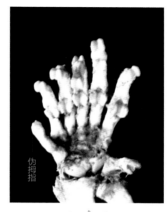

仔细观察野外大熊猫，可发现雄性大熊猫黑得透亮，白得富有光泽；而雌性大熊猫则黑而微染褐色，白而少光泽。在陕西秦岭还相继发现了棕色大熊猫。据佛坪保护区管理人员称，这种棕白相间的大熊猫占当地大熊猫总数的 9%。有人曾经观察到大熊猫的幼仔在发育初期也出现过棕黑色与白色相间的情况，但随着发育而变为黑白相间。这是否是一种返祖现象？

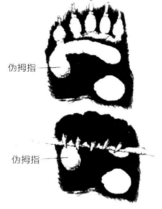

> 伪拇指示意图。

1986 年，四川省松潘县小河乡四望村的邓进才在滴水河边发现一棵云杉树上有一只白色的大熊猫。另据老猎人称，曾在岷山东麓与松潘县毗邻的平武县和北川羌族自治县见过纯白色的大熊猫，他们称其为"白熊"，而把黑白相间的大熊猫称为"花熊"。其他动物如黑熊、金丝猴、果子狸和黄喉貂在四川省和湖北省都曾见过白化个体，因此大熊猫白化个体的存在不应视为例外。

大熊猫的毛被特别厚密，从毛的显微结构看，其内部的髓质层较厚，具有良好的保温性能，故古时用其皮毛作为睡褥、坐垫，据称可以除湿避寒。毛的密度背部大于腹侧，外侧大于内侧，体后部大于体前部。皮厚处毛较短，长 35~45 毫米；胸、腹部毛最长，有的竟长达 100 毫米。同时，毛被的表面还富含油脂而有弹性。野外大熊猫经常在竹林里穿梭，竹子的枝叶将大熊猫的黑白毛刷得更醒目、更具光泽，不同于圈养的大熊猫毛被常被污染，甚或黏结而黯然失色。野外大熊猫不仅给人以美感，其富有弹性的皮毛还起到了保护和御寒的作用，以适应潮湿而严寒的栖息环境。即便是在雪地上，也可卧息。

　　大熊猫的性情温顺，除繁殖期外，它们不会主动攻击人或其他动物。一遇惊扰则迅速钻入茂密的竹林，在野外很难对它们进行观察。但若经常与观察者接近而未受到惊吓，逐渐地也可以在一定距离内被进行观察。人工饲养的大熊猫则可以任人抚摸，甚至可以与人一起合影或表演翻筋斗。最好不要接近没有经过调教的大熊猫，因为它们对陌生人较惧怕，一旦人们接近会被视为对它们的威胁，这时它们会攻击人，有时甚至还会抓伤人或咬伤人。

　　大熊猫每天都过着游荡式的生活，既无固定的摄食场所，也无常栖的休息地，总是不分昼夜地在竹海里游荡。睡不择地，排泄也无固定之处，这种生活方式可以减少能量消耗。然而它们的漫游又不同于草食有蹄类的无边无际，而是有一定的范围，只在熟知的家域内漫游摄食。

　　大熊猫生性孤僻，彼此之间很少交往，过着独栖或母、仔一起生活，它们每天各自在一个小的范围内摄食竹子、排出 100 团左右的粪便。它们会凭借彼此不同的气味和黑白醒目的体色，相互间主动回避。

> 　妈妈用嘴衔着小仔调整姿势。

大熊猫的视觉很差，而嗅觉和听觉却很灵敏。它们常用气味做标记，游荡在它们熟知的地方。大熊猫挑选竹子时不是通过眼睛，而是先用鼻子闻一闻，即便是在夜里，它们也能闻出竹子的老嫩而择食其嫩株。在繁殖期，即便隔得很远，也会通过嗅觉识别彼此之间的生理状况。

大熊猫从不冬眠，也不惧怕严寒，却畏惧山谷的风和酷热。酷热和风吹会让它们增加散热而多消

> 母、仔吃笋后排出的粪便（大为母，小为仔）。

耗能量，不利于节能和对环境的长期适应，故它们总是不离开深山密林。

大熊猫有嗜水的习性，但不像有蹄类动物那样饮水凼不洁的静水或含盐的水，它们只饮清泉流水，即使冰封雪冻的冬天也不以冰雪当水饮，所饮的流水为中性，微带甘甜。因为大熊猫的食物是很粗糙的竹子，营养的获得依靠磨碎竹子里的水溶内含物，而不能消化的大量木质素和纤维素也靠水的冲洗排出，不然会在肠道阻塞。一些生病的个体也会竭尽全力下坡找到水源，如饥似渴地一饮而快，好似一个酗酒的醉汉，或卧溪边，或蹒跚而去。冬末春初，病重者则倒卧溪边而毙。大熊猫故乡有一个传说：大熊猫之所以饮水不舍，是因为它们见到了水中自己的倒影，颇为好奇，企图探个究竟，每饮一次，又发现一次，十分有趣，以至于"醉"倒不能走动。因此，也有人把这种现象雅称为"熊猫戏水"。大熊猫饮完水后也可以涉水或泅渡，在白水江、岷江和皮条河都曾见到过它们涉江过水的情景。

　　大熊猫善于爬树和攀缘悬崖峭壁。爬树多是为了逃避，但在无干扰的情况下爬树或攀登独立巨石只是为享受一次"日光浴"，尤其是半岁的大熊猫幼仔，每逢风和日丽，它们最喜欢爬树晒"日光浴"，既可暖身，又有益于钙的吸收。此外，大熊猫还喜欢在雪地上滑雪、在草地上打滚。

　　大熊猫还会像猫一样把身体伸直，前肢伸开，后半身抬起，做伸懒腰的动作；或酣睡之后，后肢伸直打个哈欠。如果被水浸湿身躯，也可像狗一样把身上的水抖掉。它们还会在石头、草皮上蹭痒，或用爪搔痒。吃完食物后，它们也像猫一样要舔掌，或牙咬或舌舔，梳理身上黏结着的毛。

　　大熊猫因咬食竹子牙齿已发生了重大的改变，三对门齿失去了切割的机能，起着剥弃竹青、咬理黏结毛发的作用。犬齿不像猛兽那样似一把利剑杀伤猎物，而是呈圆锥状，变为争斗的武器，故争斗性强的雄性大熊猫的犬齿比雌性大熊猫的要粗些，出现了性二型的分化。大熊猫上颌最后一枚前臼齿和下颌第一枚臼齿失去了食肉类动物用以撕裂肌肉和咬断筋骨的食肉齿（又称裂齿），而与后面的臼齿一样，磨面变得特别宽大，齿根也增长，再配上强大的咀嚼肌肉，哪怕是像指头一样粗大的竹茎，也能像铡刀一样轻易咬断。但它们的肠胃却保留了食肉类的特点，消化道很短，仅为体长的 5~7 倍（草食动物为体长的 10~13 倍），且无盲肠。大熊猫的食量很大，可达 40 千克，在采食竹笋的季节，它们每天要花上近 20 小时采食竹笋。竹笋容易消化，仅需 5 小时即可完成消化过程。大熊猫每天排便约 150 团，每团重约 100 克。据我们统计，夏季，大熊猫以吃竹茎为主，每天吃冷箭竹 3000 多株，食量 17~20 千克，在肠道滞留的时间约 10 小时，每天排便 100~120 团。大熊猫每天必须大量饮水，故排出粪便的湿重达 20~30 千克。秋季，大熊猫以吃枝叶为主，由于枝叶的营养价值比竹茎高，每天仅食 10~14 千克，在肠道滞留的时间最长，需 14 小时后才排出体外，每天排便约 100 团，湿重约 20 千克。

**大熊猫的交配与交配制**

    大熊猫发情持续的时间较长，为 12~25 天，但交配的高潮期很短，每年仅 2~5 天。

    一旦雌性大熊猫进入发情期，便会发出信息，凡是能感受到这个信息的社群内的雄性大熊猫个体即开始尾随。若雌性大熊猫发情高潮期常在河谷低洼地带活动，发出的信息在空间较为狭窄，尾随的雄性大熊猫就比较少，仅 2~3 只；若雌性大熊猫发情高潮期在山脊或空旷地区，信息传播较远，尾随的成年雄性大熊猫会多达 4~5 只。雄性大熊猫之间的争斗十分激烈，依其强壮按序而获得交配权，但最多不会超过 3 只。雌性大熊猫一般接受交配后次日便离开过着独栖生活。尾随的雄性大熊猫较多，次日也有被迫交配的情况发生。雌性大熊猫这种择优交配行为有利于提高幼仔的存活率和适合度，起到优化种群的作用。

    大熊猫的婚配制实为多配制，1 只雌性大熊猫可接受 2 只以上雄性大熊猫交配；1 只强壮的雄性大熊猫在社群内也可能与 2 只以上雌性大熊猫交配。

# 五·西河之行

  1977 年我国恢复高校招生，1979 年，77 级学生已经进入到大学二年级学习脊椎动物学。我回校给他们授课，五一棚的观察由邓其祥和余志伟两位老师轮流与卧龙保护区的周守德等一起继续进行。这年夏天我带领部分学生到卧龙保护区，参加五一棚以外地区的调查工作。

  卧龙有皮条河、正河和西河三条主要河流，西河在保护区的南面，除下游有一个三江乡村民和卧龙保护区设的保护站外，站以上是无人深入的原始森林，1974 年我们在卧龙时也未曾深入调查过。因此，我们最初组织了 20 多人的队伍，准备用 20 天的时间专门到西河原始森林进行考察，以了解在无干扰的情况下大熊猫和其他动物的活动和生存状况。

  20 多人中除我和植物系的虞泽荪老师外，其中的 9 个民工负责搬运

帐篷、粮食和炊具。一切准备就绪后，由卧龙保护区派一辆货车把我们送至巴朗山山脚海拔2400米的梯子沟沟口，下车后，沿梯子沟的河谷跋涉。河谷陡似登梯，两岸森林大多被采伐殆尽，陡峭的山崖上尚留有一些残林，林下有稀疏的华西箭竹，高处有短锥玉山竹。由于河谷两岸山势直立，林木稀疏，动物很少，发现的踪迹主要是牦牛的脚印。经过一整天的跋涉我们已达海拔3600多米，离开了森林的最高分布林线，进入到高山灌丛草甸。草甸上有卧龙乡放牧的牧民和散放的牦牛。第一天我们借宿在牦牛场简易的放牧棚里。

第二天我们沿着有人走过的小道继续前行。这个季节正值山野中高山山花的怒放期，各种野花五颜六色、斑斓烂漫，无怪乎《汶川县志》将巴朗山称作斑斓山。由于山上是牧区，受牦牛和放牧人的干扰，没见到大型的动物，鼠兔较多，不时可在灌丛乱石中见到惊起的雉鹑，在草甸中还有似鹰叫声的绿尾虹雉。草甸中的小鸟较多，有见人就直冲天空的云雀，羽为红色的朱雀，嘴红体黑的红嘴山鸦和在天空翱翔的雄鹰。下午5点多，我们到达五一棚西边牛头山尾部的山脊，这里的海拔已达4000米。这一带灌丛逐渐减少，仅在流石滩有一些矮小的杜鹃树。我们在路旁见到村民搭造的石棚子，很低矮，但可以躲避呼啸的山风，我们便借宿在石棚内，接着开始就地寻找些石块，搭灶生火，煮饭就餐。餐后有一小鼠从石缝中爬了出来捡食我们掉下的食物，对我们一点也不畏惧。这只小鼠尾巴很长，后肢也较长，是高山上稀有的蹶鼠，我顺手将它捉住，我们正缺它的标本。因为蹶鼠与西北产的跳鼠同属跳鼠科，在教学上有重要意义。

过了山脊便正式进入西河的源头。放牧的踪迹逐渐减少，最后全无，开始出现了羚牛的足印，越走其足迹越多也越明显。我们沿着羚牛的兽径向西河的河谷行进。沿途发现羚牛吃过的植物痕迹，我也顺便向虞泽荪老师请教，并记下植物的名称，想了解羚牛究竟吃了多少种植物。到了中午一片云层突然飘临上空，不一会儿，乌云密布，狂风大作，怎么也不能将火引燃，最后只好忍痛将带来的盐肉切一块肥的当油燃烧，终于引燃了火。简单地吃过午餐，匆忙赶路。不出所料，不久便风雨交加，我们只好冒着雨走了4个多小时到达河谷，在河谷的一个悬崖边搭上帐篷准备夜宿。就在这天夜里，民工提出路太险，不管加多少工资也不敢继续跟着我们一道走出西河，并称他们要命不要钱，我们也实在无法挽留，只好决定留下7个人，轻装走出西河。其余10多人给足两天粮食让他们返回，有的民工提出山上夜间太冷还要酒，留下的人却不同意，我只好将自己带的一壶酒给了他们。我们将多余的炊具、甚至帐篷都让他们带回，只留下粮食、盐肉、睡袋、1支猎枪、3把刀、1把斧头和1张军用地图。留下的7个人中除我外，有虞泽荪老师、77级郭延蜀同学、熟悉卧龙山路的刘为刚、西河下游人称宋老二的村民，另外两个是愿意与我们同行的卧龙保护区的一名职工和一个村民。

> 上树。

第二天我们根据地图上标注的地形沿主河道下行。由于已进入原始森林，除河道有流水外，两岸及山谷全被森林所覆盖。据刘为刚的经验，在原始森林里，人可沿着野兽走过的兽径走。因此我们沿着河谷寻找兽径，时上时下，到了下午5点，我们便开始寻找适合夜宿的地方。最后选择了一处距河水近、旁边有大树遮蔽的地方，用斧头砍伐最易引燃的桦树，刘为刚的经验是一夜至少要砍伐4棵碗口粗的桦树。桦树堆起来足有一米高，夜间睡在树下火旁，火虽然很大，又烧得很旺，但高山上夜间温度只有几摄氏度，脚朝火处暖和，身在睡套中仍很冷。我们经过一天的跋涉很是疲劳，却依然可以熟睡一阵，冻醒了又烤一阵火再睡。

　　行进中的险要处是峡谷。峡谷里两岸悬崖直立河岸，流水湍急，无法涉水过峡谷急流，只好沿着悬崖往上爬，然后绕过陡岩又往下行，沿河谷继续行走。其实谷坡上的兽径十分危险，因为都是岩上的一些断层，只有很薄的一层风化土，若这一薄层土受人的重力而滑坡，人将会坠入深渊，即使不是粉身碎骨，也会随之东流，被乱石急流切割撕裂后水葬归天。我们7个人小心地轻轻走过。一次我们正沿着河谷行走，遇到一个突岩挡住了去路，若涉水过去再沿河谷行走只需5分钟，我们便用一根绳子系着体重较轻的郭延蜀的腰试着涉水，但走了没几步就发现水太深，只好将他拉回。我们只得上爬陡岩、下攀悬崖，足足花了2小时。

　　西河路难行，不是上青天，胜似上青天。我们原计划20天到达西河下游，与接我们的植物组的师生们会合，那里距河源的直线距离为25千米。我们只准备了20天的口粮，到河源时已消耗了两天。按我们每天的行进速度，一天艰难的跋山涉水，在地图上的直线距离仅1千米。这样计算下来，我们7个人至少还差5天的口粮。因此我们决定：一是加快速度，延长每天行走的时间；二是每天由日食三餐改为两餐，并且将晚餐改为吃稀饭加野菜。只有这样我们的口粮才能坚持到与来接我们的人会合之时。

　　一路上有说不完的惊险。一直走到海拔2800米，终于见到了大熊猫的粪便和它们活动后留下的竹痕，还有可能是它们下河留下的蛛丝马迹。但我们无法去追踪，因为不仅没有时间，更重要的是口粮匮缺。

西河竹子的分布较皮条河丰富，上游分布的是冷箭竹，中段分布的是短锥玉山竹，下段为拐棍竹和河谷的油竹子，这些竹子都是大熊猫的主食竹类。推测西河大熊猫的季节移动应比皮条河明显，它们夏季会上移到高山采食冷箭竹；冬季会下移到河谷采食残存于陡峭处的油竹子的枝叶；春夏季上山坡择食拐棍竹笋，进入到中山又选食短锥玉山竹的竹笋；进入秋季吃短锥玉山竹和冷箭竹的新枝嫩叶。

宋老二虽为本地人但也是第一次进入无人区的原始森林，他一直怀疑 20 千米的距离不可能需要走上 20 天，他认为我们已经走错了，肯定是走到了山的南坡面安子河（在邛州境内，现已划为保护区）。因此，宋老二还打赌说："若没走错，我愿到三江请客！"我答道："你肯定输了！因为我们完全按照五万分之一地图在走，地图上对山峦、河流的标注很清楚。2 平方厘米的方格，走一方格即 1000 米，要不了两天就会走出困境。"说虽这样说，但粮食不足，3 个村民越发怀疑并出现了忧伤的情绪。我和虞老师、刘为刚、郭延蜀坚持说没走错，一路上说着一些趣事，以排解他们闷闷不乐的失望心情。

走到第 23 天，我们终于发现有挖药、割漆、砍树的痕迹以及人行小径，于是大家增添了走出西河的信心，晚上还在河边找到了曾有人过夜的大岩穴。我们砍了很多竹子做铺垫，洞口堆了一大堆烧材，使热气不断往岩穴流去。因岩壁温度低，结果冷热气流一交汇便凝结成了水，似雨珠一样往下滴，凌晨3 点多，终于把我们的睡袋和内衣裤都淋透了。没有办法，大家只好起床，围坐火堆旁烘烤睡袋和衣裤，等待天明。我们吃过最后一顿早餐（口粮已尽），估计今天能找到

接应我们的人，所以大家心情都很愉快，将铺垫的竹子都投入火中，竹茎遇上急火，不停地发出爆竹声，预祝我们的西河之行即将胜利结束。这一天我们走得特别快，到正午时，从地图上看已经到了约定的盖壁耿迁相会地，于是大伙儿一边走一边高声呼喊，但没有得到任何回应。村民们的情绪迅速降到了冰点。我和刘为刚开始计划如果当天走不出去，我们就打野鸡、采野菜充饥。下午3点多时，村民失望的情绪无处发泄，沿途见了石头就不时往河里抛，引起了山谷巨大的回声。这种无声的抱怨倒是起到了正面的效果，4点时，山谷里出现了回应声。我们两支队伍终于隔河相见，大家高兴极了！河水相隔，无法过河，但河岸有树，刘为刚砍了一棵让它向对岸倒去，结果却被河水冲走了。接着又砍了一棵更大的，终于搭在了对岸的砂石上，再接着砍第三棵，临时搭成一座桥，大家雀跃着终于会师了。

我们两队欢聚一堂，一些人主动去采野韭菜，一些人去剁肉，包饺子庆祝。虞老师、我和郭延蜀还拍了一张合影以作西河之行的纪念。从我们一身的装束和一脸的胡须看，有人说像落荒的土匪，还有人说像溃退的败兵，整个一副狼狈相！

# 第十二章

# 与世界自然基金会合作

"到大熊猫的家乡 —— 中国去开展研究项目"是世界自然基金会自 1961 年成立以来的一个梦想。1979 年，世界自然基金会与中华人民共和国有关部门就合作研究大熊猫进行了艰苦的谈判……

　　1972 年，美国总统尼克松访华，我国赠送给美国一对大熊猫，以作为国礼。接着，日、法、英等国领导人相继访华，以能得到中国馈赠的大熊猫为最高的政治礼遇，由此在世界范围内掀起了大熊猫热。

　　1979 年，美国驻香港的记者南希小姐问世界自然基金会："你们用大熊猫作标志，为什么不与中华人民共和国联系合作研究大熊猫？""我们试过，不可能。""我试试好吗？"于是总部设在瑞士的世界自然基金会雇用南希担任了 3 个月的公关顾问。南希赶紧拟订了一份计划，建议与中方有关机构会面，讨论合作研究大熊猫的事宜。

　　与此同时，美国斯密桑林研究院也计划与我国合作研究大熊猫，并得到我国政府原则上的同意。因此，世界自然基金会担心自己不能成功，故格外努力，在南希的努力下率先访华。

　　世界自然基金会代表团有该会第一届主席彼得·斯科特（Peter Scott）爵士及其夫人，斯科特是保护事业的巨人兼作家、艺术家，世界自然基金会以大熊猫作为会标是他的主意。随行的还有基金会邀请的乔治·夏勒博士，他是纽约动物协会保护部主任，世界野生动物研究的权威之一，曾在非洲研究过大猩猩、狮子，在印度研究过老虎，在喜马拉雅山研究过野山羊。另外，还有热心自然保护工作的南希小姐。他们一到卧龙，便由我带领着上山参观五一棚大熊猫生态观察站。从卧龙保护区管理局乘车到卧龙关，然后过皮条河沿着弯弯曲曲的山路，步行了一个半小时到了五一棚山口的迎宾路。正值五月，路两旁的多鳞杜鹃尽情绽放，他们十分开心，随后在路旁看到了大熊猫采食的痕迹，我跟踪了几步，在拐棍竹的竹林发现了更多大熊猫采食竹笋的痕迹，还有大熊猫吃竹笋后排出的粪便。他们很兴奋，迫不及待地下坡观看大熊猫啃食竹笋留下的箨壳和笋桩，以及排出的粪便，大家都为有幸进入大熊猫的世界而惊喜不已。

随后又向上爬了5000米进入英雄沟峡谷。穿过一个山洞后，峡谷豁然开朗。这里是大熊猫饲养场，场内的铁栏里关了7只大熊猫。他们看到被囚禁的大熊猫很是难过，但看到一只在外面七八个月大的大熊猫宝宝那与生俱来的惹人怜爱模样时，立即就被吸引住了。斯科特深情地抚摸它，顿时消除了对饲养场的不良印象。

> 首任世界自然基金会主席彼得·斯科特与大熊猫幼仔。

　　这次访问更加深了他们对大熊猫的印象，促使他们加快了与中国合作研究大熊猫的步伐。

　　1979 年 9 月 19 日，斯科特一行 5 人再次访问我国，具体谈判如何合作研究大熊猫。双方在北京饭店进行的艰苦谈判几经破裂，但最终还是达成了协议："承诺为保护大熊猫，有必要成立研究中心……世界自然基金会准备提供 100 万美元。这笔款项不包括设备、野外调查、海外出差及其他费用。"斯科特离开北京后，夏勒和南希草拟了一个行动计划，然后交给我们修改。后来由于成立研究中心的实验仪器尚未落实，我国要求将计划延后。11 月 30 日，夏勒离开北京到成都，由于执行计划尚未批准，夏勒暂时到成都动物园观察大熊猫抚育幼仔。

　　1981 年 2 月，世界自然基金会承诺募集价值 100 万美元的器材提供给研究中心。后来实际上只提供了其中的少数几项，价值约 40 万美元，其他仪器以卧龙工作人员不足和气候不宜为由，没履行承诺。虽然如此，我和夏勒早在 1980 年 12 月就回到五一棚。

1981年的春节，我和夏勒从五一棚下山，赶到卧龙保护区管理处参加为我们准备的丰盛宴会。之后便与周守德、彭加干、田致祥和王连科，以及炊事员唐祥瑞一起返回五一棚。我们共搭了两顶帐篷，我与夏勒同住，我设计了7条观察路线，我俩每天走1条，追踪大熊猫以了解其冬季的活动情况。彭加干负责制作诱捕大熊猫的笼子，每天查看一次是否有大熊猫被关住，并观察引诱用的经烧烤后肉香四溢的羊肉、猪骨是否被大熊猫动过。

2月，美国动物学会还派了杜伦赛克和史托维，以及田纳西大学的奎格列来中国。他们带来了麻醉药品和诱捕大熊猫的脚套，而脚套一旦安上，每天上午、下午必须检查一次，以免大熊猫被套太久造成扭伤。捕到大熊猫后，给它戴上无线电颈圈，然后放归山野，每天用接收器监测大熊猫的活动情况。

下雪天最便于追踪大熊猫。新雪覆盖了旧的踪迹，跟踪一天新的踪迹也就了解了大熊猫一天的活动情况。一天下来，全身湿透，只有不停地走才能保持身体的温度，稍一停歇即感到寒气刺骨。我们带的午饭是早晨蒸的包子，到用餐时已经完全冻结，我们称它为凉心包子。这种包子不能停着吃，需边走边吃，不然会冻得难受。虽然如此艰辛，但只要能发现大熊猫踪迹，我们也就心满意足了。夏勒几乎每天都要背一袋大熊猫的粪便返回营地，将其烘干称量分析。就这样一天又一天，两个月过去了，一直未能见到大熊猫的真容。

1981年3月1日，我和夏勒各自进行一条路线的考察。夏勒走的是白岩那条线，前一天王连科查圈时曾见到一只大熊猫，因此夏勒想去跟踪寻找那只大熊猫。我走五一棚背后的一条线，到下午时衣服已完全湿透，但白岩的大熊猫吸引着我，我想绕道白岩再返回营地，碰碰运气。功夫不负有心人，果然在横向白岩的一座山脊听到有大熊猫在"嗯嗯"哀吟。我赶紧加快步伐，大熊猫的声音也越发清晰。走近发现发出哀吟的是一只约两岁半的大熊猫，正被一只成年大熊猫驱赶到了树冠的小枝上，摇摇欲坠。成年大熊猫无法追上树梢，彼此正对峙着。我静静地在那里观察了约半小时，不时走走暖和一下身子。这时夏勒也从白岩跟踪而来，

> 对野外捡到的大熊猫粪便进行称重。

> 吃个不停。

我用手指暗示坡下方的一棵大云杉树。瑟缩着的幼年大熊猫又呻吟起来，悲伤的声音传遍了整个山谷。几分钟后，它又再次呻吟。成年大熊猫慢慢退下树来，放过了可怜的幼年大熊猫。只见成年大熊猫一条腿先着地，另一条腿随之滑了下来，扯下一大片树皮，然后消失在竹林里。受欺负的幼年大熊猫摆脱了成年大熊猫后，不再战战兢兢，转而紧靠着树干，无视寒冷的夜幕降临，静静地留在原处。这时山雾已经填满了整个山谷，把重叠的山峦连成了一片。我俩相视而笑，两个月的追踪终于见到了大熊猫的真面目。

3月初，积雪渐渐消融，山上的报春花无视尚未完全融化的雪盖灿然盛开，来五一棚的人也渐渐多了起来。夏勒的夫人凯依、北京大学的潘文石、东北林业大学的王学全来到了五一棚，他们主要负责收集植物标本带回北京大学和东北林业大学做营养分析，同时也参加野外监测。陕西佛坪保护区的雍严格、马边大风顶保护区的吉林知哈也来了。

3月10日，王连科急促地跑回五一棚，兴奋地告诉我们：在白岩附近诱捕的脚套套住了一只大熊猫。夏勒和奎格列分别带上无线电颈圈和麻醉用品赶到现场。大熊猫蹲坐在一棵树下，前脚被脚套套住，它拼命地抓树，试图脱身，但徒劳无益，只好用困惑的眼神凝视着我们。奎格列估计它有36千克，并按剂量配制了麻醉药，用吹筒将注射器射入它的前胛，但针尖弯了，只注射进少量的麻醉剂；又注射了第二针，但大熊猫昏迷不深；于是注射了第三针，大熊猫终于安静了。我们检查它的前掌，没有被套伤。这是一只雄性大熊猫，睾丸还在下腹没有进入阴囊，大约两岁半，它离开了母亲进入五一棚区域建立自己的家域。这只大熊猫体长138厘米，肩高71厘米，尾长8厘米，体重54.5千克。这只大熊猫是外来的，3月1日我和夏勒曾见过它被赶至云杉树上。我们迅速地给它戴上无线电颈圈后，它开始动弹起来。我们用网把它网住，直到它完全苏醒才打开网，让它重获自由，去寻建自己的家域。它向西越过五一棚后面的山腰，进入到转经沟的一片残林，这是一片大熊猫竞相争夺的地盘。以后我们每天用接收器确定它所在的位置，每个月至少记录连续5天24小时的昼夜活动情况。

　　两天后，即3月12日下午，设置在转经沟旁的铝制笼又捕获了一只大熊猫。彭加干、夏勒等4人急忙带着麻醉剂、睡袋及其他装备快速赶到捕获地。这是一只成年雌性大熊猫，不时地发出威胁的吼声和快速碰击牙齿的声音，见不能吓走人们，便发出更大的吼声。这时天色已晚，我们来不及给它戴上无线电颈圈，于是决定由夏勒和奎格列两人守护它以确保安全，并监听3月10日捕获的那只大熊猫夜间活动的情况。13日晨，我们又去了9个人，上午9点37分开始对12日下午捕获的成年雌性大熊猫进行麻醉。我们挤压它的乳头，没有乳汁，可能幼仔夭折了。奎格列测量它的脉搏，每分钟68次。这只大熊猫体重86.3千克，身长166厘米，尾长13厘米，肩高81厘米。掰开它的嘴，从牙齿磨损情况判断它已进入中年，左下的第四前臼齿和第一、第二臼齿都脱落了，还有几颗牙齿上结着厚厚一层坚硬的灰色结石。给它戴上无线电颈圈后放入笼中，等待它苏醒。11点45分，它的行动已恢复正常，我们打开笼子，它吼叫了一声，并未一跃而出，而是坐了25分钟后才试探性地伸出头来，然后飞快地冲入竹林，掀起一阵竹浪。

次日晚饭后，我们给两只大熊猫取名。最初有人提出用无线电的频率，将10日捕捉的雄性大熊猫称为188号，12日捕捉的雌性大熊猫称为194号。但大伙觉得用数字取名，枯燥而缺乏美感。我提议将雄性大熊猫取名为"龙龙"，龙除与卧龙有关外，还有中国人是龙的传人以及龙生龙子之意，立即获得了通过。雌性大熊猫的名字最后用了潘文石提出的"珍珍"，有珍贵、珍稀等意义，也得到了大家的赞同。

4月19日，我们在转经沟又捕获了一只雌性大熊猫，它重52.3千克，年纪与"龙龙"相当。它被诱捕后，很温顺，并将前掌伸出来让人抚摸，当我们在它头上挠痒时它更向我们靠近，给它竹子它也吃。由于它的性格安静，故取名为"宁宁"。8月它又被捕获过一次，它一直在"珍珍"的家域内，可能是它的后代。1982年3月30日，我们同它失去了无线电联系，它离开了五一棚出生地，很久都接收不到它的信息，有时偶尔能收到很弱的信号，估计它可能翻过山到西河去了。

12月22日，我们在白岩捕获了一只成年雄性大熊猫。它被捕获后，一直弓背坐着，埋着头，保持沉默，显得很害怕。正好遇上中央人民广播电台在卧龙基地摄制节目，它有幸被摄到了从麻醉到释放的全过程。当我们给这只大熊猫称重时，它突然站起来，大力挣脱后穿过深雪，往臭水沟方向跑去。我们将这次捕获的大熊猫取名为"威威"。

12月底，夏勒回美国了，潘文石等也都回去了。

1982年1月5日，我们在转经沟的山梁捕获了一只成年雄性大熊猫，它的体形很大，颈粗肩宽，体重106.7千克，几次咆哮后，便静静地坐在圈内。这次没有外国朋友参与，全由我们自己操作。英雄沟饲养场的兽医王雄清给大熊猫麻醉，我给它戴上颈圈，周守德负责录像。我们根据古籍记载貔很凶猛，给它取名"貔貔"。

1982年1月11日，我们在方子棚捕获了一只处于壮年期的雌性大熊猫，虽然我们没有称它的体重，但估计有95千克。因为它的神态憨厚，取名"憨憨"。不幸的是，它只为我们提供了一年的信息。1983年1月24

> 觅食。

日，我们发现它死于套林麝的套具中。从乳房能挤出乳汁判断，它正在哺育4个多月大的幼仔。4月8日，在"憨憨"被害处我们又发现一只哺乳的雌性大熊猫被套死。短短的两个多月，有2只大熊猫被害。经军犬追击，抓捕了设套的罪犯，他是卧龙乡的村民，经审讯后被判了刑。

1982年1月21日，我们在金瓜树沟又捕获了一只两岁多的雄性大熊猫。它的体重达52.3千克，很凶猛。我们只在它的耳上挂了一块黄色的81号号牌后便将它放了。之后它两次被捕获，又被放走。1984年4月我们捕获了一只雌性大熊猫"莉莉"，9月又捕获了一只老年雌性大熊猫"桦桦"。1985年我们捕获了一只雌性大熊猫"新星"。1987年我们捕获了一只雌性大熊猫"新月"。

通过无线电监测我们了解到，每年5—6月，五一棚的大熊猫都要下移到低海拔的地方吃拐棍竹的竹笋。它们一天到底吃多少？我们在英雄沟的饲养场做了实验，夏勒用了整整一个白天，让一只叫"平平"的雄性大熊猫坐在铁栏前面从他手中一根一根地接过竹笋吃。"平平"从剥开笋壳到把笋吞下平均只需37秒。饱食之后，它很快午睡，当它休息时将其粪便扒出称重，同时到附近山坡搜集更多的竹笋，也称过质量。大熊猫醒后胃又空了，它又开始吃更多的竹笋。大熊猫从吃下竹笋到排出粪便只需5小时，这一个白天，"平平"共吃了16.34千克竹笋。

野外跟踪发现"珍珍"的食量比"平平"更大。有一次"珍珍"在一片拐棍竹竹林中采食了10小时，共吃掉281根竹笋，排出粪便57团。然后根据"平平"的食笋量与粪便之比可以计算出，那天"珍珍"在24小时内大约吃了34.5千克竹笋。有一次，珍珍吃得更多，一天大约吃了38千克竹笋，是它体重的44%。因为竹笋的水分占90%，大熊猫必须吃这么多才能满足每天所必需的营养。

　　1982年1月17日，我们根据无线电监测找到了"威威"活动的位置。它翻过山进入臭水沟的阴坡，那里的积雪很深，跟踪它的雪踪很方便。我们与它保持一定的距离，以免干扰它的正常生活。"威威"往坡下走，有时走小径或走在倒下的树干上，但大都直接穿过林下的竹丛，人沿着它走过的路径十分难行。在一片杜鹃灌丛中，它在唯一的一棵冷杉树干上摩擦臀部，使肛门腺的分泌物标记在上面，走一段又做一个标记。到了陡坡，它干脆胸腹贴地滑行。到了一条有积雪结冰的小溪，它用爪子挖了一个小水凼，让流水注入，然后饮里面的水。它在行进中偶尔吃些

> 定位。

> 接收无线电信号。

竹子。它在转弯地方的树上做标记，似乎要开辟一条新的路径。我们追踪它一共花了五天半的时间，它带我们兜了两个大圈子后又回到了原来的地方。据统计，"威威"每天平均走 5000 米，共在 45 棵树上做了标记，昼夜共有 9 次长时间的休息。它一天要吃 2200 根冷箭竹竹茎和 1400 株竹叶，质量约 14 千克，平均每天排出粪便 97 团，湿重约 20.5 千克。

由于大熊猫是从食肉类动物演化而来的，它们的肠道保持了食肉动物较短的特点，肠道内无发酵分解纤维素的共生细菌，故它们不能消化竹子里所含的大量纤维素和木质素，半纤维素也只能消化部分。实际上它们所吃下的竹子只吸收利用了 17%，其余大部分都浪费掉了。由于大熊猫所食的竹子营养价值低，不能在体内贮存大量能量，故它们每天都忙碌着填饱肚子，从不冬眠。

通过无线电定位，我们把从 1981 年到 1982 年每天定位点的外围连

> 美餐。

接起来，可以看出每只大熊猫所占有的活动面积。

　　成年雌性大熊猫的家域要小些，"珍珍"在两年内活动于 3.98 平方千米的范围内；"憨憨"的家域要大些，活动范围为 4.33 平方千米。而且它们还有一块经常活动的核心区，为 0.3~0.4 平方千米，育幼期间基本上在核心区内，核心区的地形一般在较平缓的山坡，"珍珍"在二道坪，"憨憨"在方子棚海拔 2800 米的平缓处。平缓地区被遮天蔽日的森林覆盖，林下潮湿，土质肥厚，竹子生长良好，冬季竹子也不枯萎，营养成分较稳定。此外，水流纵横，大熊猫的一切生活物资充足。雌性大熊猫的核域间互相隔离，但允许雄性大熊猫造访。

　　雄性大熊猫的家域要大些，"威威"占有 6.20 平方千米的家域。大熊猫占有的家域内除食物、饮水资源外，影响其家域面积大小的是成年雌性大熊猫。"威威"与"貔貔"的活动范围内，除"珍珍"外，至少还

> 尝尝好吃吗？

有两只未戴无线电颈圈的成年雌性大熊猫。因此，它们的家域里成年的雌性大熊猫和雄性大熊猫间都是重叠的。它们一年中大多数时间都花在巡视自己的核心区上，通过游荡使一个小的社群保持着一定的联系。在繁殖交配季节，少不了要发生争夺交配权的激烈争斗，这种冲突似乎是一种淘汰，只有强壮者才能传宗接代。

"龙龙"和"宁宁"是未成年的亚成体。"龙龙"的家域为 5.73 平方千米，而"宁宁"的家域仅有 4.28 平方千米。它们的家域是互相重叠的，共同拥有一块核心区域。这块核心区域在五一棚西侧、转经沟一个沟壑纵横的山坡上，那里的林木在 20 世纪 70 年代初期已经被采伐殆尽，它们主要在残留的树林附近，而不是开阔的山坡上活动。它们所占有的栖息地比成年雌性大熊猫要差很多。竞争使大熊猫相互分隔，但成年雄、雌大熊猫有时也会游荡到"龙龙"和"宁宁"的核心区域。

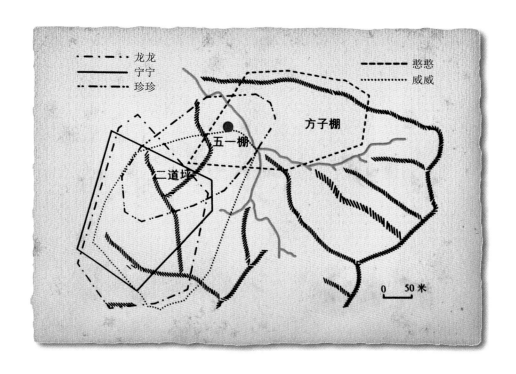

Legend on map:
龙龙
宁宁
珍珍
憨憨
威威

方子棚
五一棚
二道坪
0 50 米

雪地追踪表明，除偶尔一天可行走 4000 米外，大熊猫通常不爱活动。就大多数大熊猫而言，连续数天的无线电定位点之间的距离显示，它们每天平均行走不到 500 米，尤其是在秋季吃竹叶的季节，在不受干扰的情况下，几乎一个月也难以超过 0.01 平方千米的范围。

我们又通过每月连续 5 天 24 小时的昼夜监测，每 15 分钟一次，共 96 次监测数据，可以总结出它们一年中每个季节和每天活动的大体安排。

根据大熊猫的食性，在五一棚一年可分三个生态季节：春季为 4—6 月，它们主要吃竹茎和拐棍竹的竹笋；夏秋季为 7—10 月，它们主要吃冷箭竹的枝叶；冬季为 11 月至次年 3 月，它们主要吃冷箭竹的老笋、茎和叶。由于不同季节大熊猫的食性不同，所以大熊猫活动的时间也不同。春季它们要花很多时间去找寻竹笋，每天活动的时间为 15.5~17.5 小时；夏秋季采食枝叶，活动的时间较少，每天活动的时间约为 12.5 小时；冬季它们要漫游到各处去寻找老笋、竹茎和未枯萎的枝叶，活动时间增多，

> 玩耍。

每天活动的时间约 15 小时。从气候上看，它们晴天比雨天活动时间要长些。

尽管全年日照时间的长短不同，但它们每天都有两个活动高峰：一个是凌晨 4—6 时，另一个是下午 4—7 时，这两个时段几乎所有的大熊猫都在活动。相应地，上午 8—9 时和下午 7 时以后，大多数大熊猫都不爱活动。

大熊猫每天休息的时间平均为 9.8 小时，平均每天有 14.2 小时处于活动状态。采食至少占了它们一半的活动时间，其他时间用于饮水、游荡、留气味标志、修饰和玩耍等。

1981 年 4 月 12 日，在二道坪海拔 2800 米的帐篷里的 24 小时监听表明"珍珍"开始发情了，至少有一只雄性大熊猫在追随它。13 日下午 3 点 25 分，两只大熊猫发出的咆哮声和呻吟声不断地从竹林中传出。3 点

55 分，大个的雄性大熊猫在沟中饮水，同时，山下竹丛中传来另一只大熊猫的低吟声，饮水的雄性大熊猫也以同样的声音回应，然后朝"珍珍"移动，"珍珍"的身后还有一只体形较小的雄性大熊猫尾随。4 点 10 分，"大个子"趴在"珍珍"的背上，发出"唧唧"声，"珍珍"则发出"咩"叫声。"小个子"走近它们，"大个子"则将其撵走，两只雄性大熊猫都发出嚎叫声和呻吟声。5 点 15 分，"珍珍"爬上二道坪下的一棵铁杉树，在约 4 米高处坐下，它发出低沉而洪亮的呻吟声和"咩"叫声，与此同时，"大个子"围着树转，也发出叫声。5 点 50 分"珍珍"下树，"大个子"连续爬跨了 4 次，两只大熊猫都发出"唧唧""嗷嗷"和"咩"叫声。"大个子"喘着粗气；"小个子"也向它们靠近，并发出"咩"叫声。5 点 55 分"大个子"和"珍珍"便分开了。6 点 5 分，两只大熊猫又到了一起，"大个子"爬跨在"珍珍"的背上 3 次后，两只大熊猫行走了几分钟，"珍珍"

> 注视。

走在前面。之后"大个子"又抱住"珍珍"的两胁,下颌放在"珍珍"的肩上大声喘息。6点35分,"大个子"又接连几次爬上"珍珍"背部,到7点时,"珍珍"不愿再接受"大个子"的爱抚,张着嘴发出低沉的嚎叫。7点15分,天已近黑,两只大熊猫消失在对面的山坡上。14日,"珍珍"又回到原来的地方。16日,它开始朝下坡移动,在这几天里没有雄性大熊猫跟随其后。

1983年4月,我们又目睹了一场较1981年那次更为持久而激烈的争偶战。11—12日,最初是两只大熊猫在五一棚西面的转经沟与英雄沟饲养场之间的山脊叫唤。13日,我们到那里时发现有棵大熊猫爬过的铁杉树,这棵树上和附近树上擦有气味标志,当天夜里又听到过它们的叫声。14日上午9点20分—10点57分,王雄清和赵灿南冒着细雨和雾观察到有5只雄性大熊猫在争夺一只雌性大熊猫。

最初是一只雌性大熊猫(未戴无线电颈圈)坐在英雄沟山脊的一棵冷杉树上,离地约10米,"威威"在树下发出"咩"叫声,然后往树上爬了3米,但5分钟后又下来了。另一只未戴无线电颈圈的"大个体",前额和颈上都带着血迹,追逐"威威"一小段距离。但是"威威"又转回来,再次爬上雌性大熊猫坐的那棵树,发出"咩"叫声,两分钟后"威威"下树,这时"貔貔"也来到树旁。"威威"和"貔貔"相互对视呻吟、咆哮、扭打,直至"威威"退却。9点45分,"貔貔"在树上与雌性大熊猫交配。"威威"和"大个体"在下面发出呻吟声。9点56分,"貔貔"趴在雌性大熊猫的身上约1分钟,然后又爬上一次,时间很短。9点59分,"貔貔"将一只前掌放在雌性大熊猫的背上,闻它的臀部,然后爬上它的背,它发出"唧唧"声。与此同时,"威威""大个体"和另一只中等个体的雄性大熊猫在树下争斗不休。之后"貔貔"和雌性大熊猫下树,围绕着其他几只大熊猫转圈,然后又爬上树,"貔貔"和雌性大熊猫相距1~3米。雌性大熊猫曾朝着"貔貔"咆哮,10点35分它们再次交配。后来,"貔貔"似乎抱住雌性大熊猫,但不准备交配,稍后用爪轻轻地搔雌性大熊猫的背,并蹲在雌性大熊猫的腿旁。这时树下又出现一只中等个体的雄性大熊猫,形成五雄相争的局面。已经五岁半的"龙龙"虽然也在同一个山谷里，但没有加入五雄的争斗中。

　　次日上午11点至下午1点25分，我们继续观察，因雪大雾浓，有时看不见大熊猫。雌性大熊猫蜷伏在树顶端，离地约25米。下面有一只大个的雄性大熊猫，之后"貔貔"出现并向下坡的另一只雄性大熊猫走去，它们扭打数次，"貔貔"用咆哮和猛击将对手赶下山坡。安静了一会儿，雌性大熊猫爬到较低的一根树枝上躺着，大个的雄性大熊猫在进食，"貔貔"已经消失不见了。突然一只中型雄性大熊猫追逐驱赶着另一只大小差不多的同性，并从岩上摔了下去。12点35分，雌性大熊猫下树坐着，发出"咩"叫声和"唧唧"声。这时均未见到两只大个的雄性大熊猫，两只中型雄性大熊猫在一边争斗着，接着其中一只朝雌性大熊猫走去并爬上了雌性大熊猫的前背，进行了多次交配。又经过一阵冲突，雌性大熊猫摆脱了纠缠后，大熊猫们安静下来，消失在雾中。

　　5只大熊猫中"貔貔"占绝对优势，14日它首先进行了交配，然后让给了另一只大个的雄性大熊猫；次日一只中型雄性大熊猫也进行了交配。由此看来，有3只雄性大熊猫都找到了交配的机会，它们之间的争斗主要是争夺优势，大概"貔貔"最能掌握雌性大熊猫发情的高潮期，只在最短时间内对雌性大熊猫感兴趣。

从上面两次观察到，1981年，"珍珍"同两只雄性大熊猫在一起不到半天的时间，仅和其中的一只进行了交配；1983年，一只雌性大熊猫从4月14日—4月15日都和雄性大熊猫在一起，而雌性大熊猫先后与3只雄性大熊猫交配，是否是由于雄性大熊猫先后进行纠缠，尚不得知。

大熊猫在核心区域的树洞内产仔。我们在五一棚附近找到了13棵可以产仔的空心老杉树，但只在两棵树的树洞旁发现有粪便。此外，我们还在一处石岩洞发现一处陈年的旧巢。这14处中有8处在"珍珍"的家域内。适于做巢的老龄冷杉树，胸径至少为90~100厘米，基部已老空，大熊猫足以在洞中坐着，洞内铺垫着从空心壁抓下的朽木屑和从外面搬入的树枝，洞口外堆积着很厚的粪便。

"珍珍"于1981年4月13日接受交配，无线电的监测表明，从9月1日开始它只在洞周围活动，这意味着它经过142~143天的怀孕期后，大约在9月2日或9月3日产仔。9月4日—9月24日，我们在距离它不远处山脊的帐篷内一直进行24小时无线电监测。在这段时间里，它由每天活动12小时减少至9小时以下，平均每天仅活动6~8小时。整个9月，它的活动半径保持在距产仔洞200米以内，显然它在这个范围摄食和饮水。10月14日—10月19日，它逐渐恢复到正常活动的状况，日活动达12小时之多。

10月中旬，"珍珍"仍在树洞周围活动，但它逐渐离洞更远些，到10月19日，它走出洞近400米。为了不干扰它育幼，我们一直没有到洞旁去观察，也不知幼仔是否还活着。10月20日下午2点20分，我和夏勒决定去洞旁探个究竟。当我们快接近树洞时，"珍珍"突然从10米远的一棵树旁向我们走来。在与我们相距约6米时，猛然向我们狂奔而来，咆哮了两声并发出鼓鼻声。夏勒随即爬上身旁的一棵花楸树，我迅速向上坡跑，"珍珍"穷追我不舍，但逐渐被我拉开了距离，它向回走去，到了夏勒抱住的树前，发出鼓鼻声，站着环顾四周约1分钟。然后，它向幼仔洞走去，离洞约20米时，便站立于竹丛中；接着又朝树洞走近一些，似在静听动静。这时，洞中的幼仔发出了几声呼唤。

在我们去"珍珍"产仔树洞后，它一直到10月24日才离开产仔洞翻过

> 发现了"珍珍"的产仔洞。

> 野外双胞胎。

一座山脊，11月中旬之前它都在那一带活动。可是后来幼仔神秘地失踪了。

1982年4月28日—5月7日，"珍珍"可能接受了交配。我们于8月28日通过无线电了解到它在一个树洞旁。8月30日，它将5根树枝拖入巢内。9月1—2日，我们看到它在洞内，并于7—9日听到幼仔的叫声。9月17日，从信号中我们得知它已把无线电颈圈取下，于是我们决定去查看一下。发现它坐在树洞中，背朝洞口，一动不动，无法看见幼仔。我们距它仅5米录像、照相，但它毫无反应，只是将头抬起。因为幼仔一直被它抱住藏在洞里，它可能认为安全，故这次没有来追赶我们。1983年9月7日、13日和15日，我们都看见"珍珍"带着一岁幼仔吃冷箭竹开花后的籽实，我们随即发现它们母子排出的粪便，然后便跟踪到一个树洞，发现它们正在洞中。当我走到距它10米时，它先是直视着我，似乎给我一个警告，接着突然向我发起进攻，仅追赶我约10米就停住了。

1983年5月，不仅五一棚海拔3100米以下的冷箭竹普遍开花，整个邛崃山脉的冷箭竹都在开花。下半年调查显示，有90%以上的冷箭竹开花后枯死，留下未开花的呈片状隔离着以及高山上低矮的冷箭竹也未开花。竹

> 抚幼。

子开花后，种子落地萌发，第一年约长 10 厘米高，15 年以后才逐渐恢复。为了了解整个邛崃山脉冷箭竹开花的情况，我和夏勒从 1983 年春天离开卧龙，穿过成都平原向西行进到宝兴县，先到 1869 年戴维神父发现大熊猫的盐井沟及教堂参观，然后沿东河而上到了硗碛乡的泥巴沟，这条沟已经开伐，但残林里仍有不少大熊猫。在距交通小道旁约 7 米处有一棵基部空心的冷杉树，与我们随行并曾在五一棚学习过的高华康告诉我们：1982 年 9 月 24 日有一只大熊猫在洞内产过一仔，他发现后还给大熊猫喂过肉和骨头并拍了照片。这里的大熊猫已适应了人类的干扰，允许人类观察和拍照。

泥巴沟海拔 2700 米以下的山谷分布着短锥玉山竹，没有开花；海拔 2700 米以上为冷箭竹，都开了花。返回途中，我们在前面山脊看见一只大熊猫蹒跚走在一辆空中运木的缆车边。后来，我们在伐木场附近又听到大熊猫的叫声。这里尚有活着的短锥玉山竹供它们采食，人类活动尚未把它们赶离家园。

5月3日，我们沿岷江上行至松潘林业局，夜宿一晚后继续沿岷江上行。到了岷江分水岭贡杠岭海拔3400米的山隘后，便进入到南坪县（今九寨沟县）境内。公路盘旋直下，森林植被郁葱，海拔2500米的地方出现了华西箭竹，往下走这种竹子和卧龙冷箭竹一样也开花了。

然后我们沿山谷东行至另一条沟，即九寨沟，直抵九寨沟保护区。这个保护区是著名的旅游区，有两条沟，一条通向长海，另一条通向滴水岩。

5月5日，我们先到左边的一条沟，公路的尽头为长海，碧蓝的长海迤逦长达6000多米。我和夏勒翻过一个山坡稍下行不远，来到仙姑湖，发现有大熊猫来此饮过水，水中还留有粪便。5月6日，我们又走了另一条沟，公路的尽头为滴水岩，这里尚保存有一片原始森林，随处可见大熊猫的粪便。然后我们又沿小径南行至松潘县，直达高山草甸，沿途随处可见大熊猫的粪便，在溪旁我们还发现了一只白唇鹿蜕落的枯角。5月8日，我们到下段山坡去追踪大熊猫。当我们上行到一条小溪沟时听到有大熊猫的叫声，我们决定多等一等，一边躺在阳光下晒"日光浴"，一边静听动静。大熊猫又叫了几次。我们等了3个多小时后，决定去看看，一棵杉树上有被抓过的斑痕，到处是大熊猫的粪便，由此判断它们在那里已停留了好几天。返回的途中，我们发现不少猎套。经过考察，九寨沟海拔2700米的华西箭竹已开花枯死，海拔2700~2800米的华西箭竹正在开花，2800米以上未开花，故对大熊猫的威胁还不是很严重。之后因旅游者人流如潮，第三次大熊猫调查时，过去发现大熊猫的地方已没有了大熊猫的痕迹。

5月22日，我们从成都出发，队伍中增加了研究植物的秦自生，我们将考察20世纪70年代岷山竹子开花后的恢复情况。我们先到了青川县唐家河国家级自然保护区，用了一个星期的时间查看了我们将在那里建立的另一个研究基地。接下来的几天我们在保护区管理局附近的几个山谷进行考察。20世纪70年代开花的糙花箭竹，更新情况较好，部分地方还有大熊猫开始摄食的痕迹，但缺苞箭竹还未完全恢复，大熊猫只能采食那里的青川箭竹和高山未开花的缺苞箭竹。然后我们驱车到平武

县，沿涪江上游白马河谷而上，进入王朗自然保护区。1974 年因缺苞箭
竹开花，这里饿死了不少大熊猫，又逢 1976 年大地震，惊走了一些大熊
猫，估计这里有 20 只左右的大熊猫。到 2006 年，因保护区恢复得很好，
大熊猫已增加到 60 余只。2014 年全国第四次大熊猫调查结束后，大熊
猫种群数量有 28 只左右。

  6 月 10 日，我们从成都出发到西南的凉山山系考察四川省分布最南
的大熊猫。我们用了 6 天时间，调查了保护区的几个山谷，寻找大熊猫的
粪便。这座山的竹子种类最多，不会因一种竹子开花而使大熊猫的生活

受到影响，大熊猫也有一定数量，但受人类活动的影响。

　　经过两个月对卧龙以外邛崃山、岷山和凉山等 5 个大熊猫保护区的考察，我们弄清了 20 世纪 70 年代和 80 年代两次竹子大面积开花对大熊猫所造成的影响。从 2007 年至 2013 年底，全国共抢救病饿大熊猫 95 只，其中救活 61 只，死亡 34 只，康复后放归野外 36 只，送圈养单位 25 只。

第十三章

# 岷山唐家河白熊坪观察站

1983 年 5 月，我和夏勒到青川县唐家河国家级自然保护区考察后达成共识，在唐家河国家级自然保护区建立白熊坪观察站，其目的是要与在卧龙建立的五一棚观察站的研究进行对比。

> 唐家河保护区。

　　从唐家河国家级自然保护区的管理局沿北路河谷上行，有原伐木场为运输木材修筑的一条狭窄的公路，通过一座简易的桥梁，然后绕过一个被称为牛羚弯的大弯，山谷变宽，车行 14 千米，便到了白熊坪。白熊坪是北路河上游与一条支流汇合的冲积台地的一个小坝。观察站就设在公路与山坡之间，是原伐木场搬走后弃留的一幢大木屋。木屋共有 6 个房间，墙壁用泥土混竹而成，漏洞处被我们用木板和篾席修补过。每个房间我们放了一张书桌、一把藤椅、一张或两张床，以稻草做铺垫。旁边还另有一间木房，为厨房、储藏室和炊事员的住宿地。山坡上有一个小的水力发电站，只能提供够我们照明的电力；厨房用外地运来的煤以避免伐木毁林。无论交通还是住宿，都比五一棚宽敞舒适。观察站的人不多，除我和助手王小明之外，还有夏勒夫妇、一位植物学老师，加上保护区的邓启涛、谌利民、汪福林。

　　观察站所在地的海拔为 1760 米，研究区域为毛香坝以上的北路河上游及石桥河、红石河和文县河各支流流域，面积为 17.5 平方千米。

我们于 1984 年 3 月进入白熊坪，那时阴山还有很厚的积雪，山体大部分被浓雾笼罩。河谷两侧的阔叶林已被采伐殆尽，迹地自然更新有灌丛和箭竹以及一些稀疏的乔木。河谷高处尚有未被采伐而保留着的原始针叶林，诱捕大熊猫的笼子放在针叶林内。我们砍伐出一条狭窄的小径，以便每天去检查捕获情况。

　　我们进行监测的无线电定位点设在北路河公路旁和各支沟的沟谷小径。定位点沿线平缓，不像在五一棚要跋崖涉险，因此我们有更多的时间用来追踪大熊猫和调查它们的栖息地。在白熊坪观察站除观察大熊猫外，我们还要观察黑熊，以便对它们进行比较。与它们同域分布的羚牛、金丝猴，见有踪迹也附带做些观察。观察站的工作人员都很努力，配合默契，工作十分愉快，年轻人还从夏勒夫妇那里学了些外语。

　　我们观察的对象为捕捉来的大熊猫"唐唐"和"雪雪"，另一只大熊猫"西西"是在保护区外的西阳沟被豺咬伤，治疗好后送到唐家河放归山野的。

> 考察途中小憩。

> 与乔治·夏勒交换意见。

　　白熊坪观察站毛香坝海拔最低，为 1420 米；文县河山脊海拔最高，为 3540 米。直线距离约 8 千米，高差达 2120 米。山势陡峭深切割，河谷狭窄，水流急湍。降水量约 1000 毫升，水源充足，气候温和，空气潮湿。山大、林深、竹茂，有大熊猫 17 只左右。

　　原伐木场已将海拔 2400 米以下的阔叶林砍伐完，河谷一带多更新为家杉，自然更新为青杠和有刺灌丛。河谷有少量呈小片的巴山木竹，林木稀疏处有糙花箭竹和青川箭竹。海拔 2400~3200 米一带由落叶阔叶林逐渐转变为针叶阔叶混交林，低海拔处尚有糙花箭竹和青川箭竹，但逐渐被缺苞箭竹所取代。海拔 3200 米以上为针叶林，林下全是缺苞箭竹。五一棚分布的冷箭竹，在白熊坪被缺苞箭竹所替代，拐棍竹被糙花箭竹和青川箭竹所替代，而且竹种比五一棚多，食物资源也相对较丰富。

　　白熊坪大熊猫的食性与五一棚不同的是，每年 10 月至次年 3 月，大熊猫基本上在低山吃竹子，少数在河谷采食巴山木竹。比如"唐唐"，5 月以前采食巴山木竹的竹叶，5—6 月以其笋为主要食物，与五一棚大熊猫不同的是，它吃竹笋不剥弃箨壳，7—9 月以糙花箭竹和缺苞箭竹的竹笋为主要食物,以后逐渐转变为采食枝叶,到 10 月逐渐下移采食竹叶。20 世纪 70 年代,白熊坪除糙花箭竹间断开花外,海拔 2600 米以下的缺苞箭竹也普遍开花。而海拔 2600 米以上的缺苞箭竹未开花,故开花除了使夏季到缺苞箭竹未开花的地方去采食的大熊猫活动范围有所扩大,就食物而言影响很小。

由于两站的竹子种类不同,不仅造成大熊猫摄食行为的差异,也影响到它们的活动。最主要的区别在于白熊坪的大熊猫冬季下移和夏季上移的活动明显;而五一棚的大熊猫在冬季下移不明显,一年中绝大多数时间都在冷箭竹林中活动。雄性大熊猫"唐唐"每年 10 月至次年 4 月习惯在河谷采食巴山木竹的竹叶,5—6 月采食其竹笋,之后它开始向上游荡到海拔 2600 米以上未开花的缺苞箭竹林,一直到 10 月才回到河谷,因此"唐唐"的活动范围很大,至少有 23.1 平方千米,但它每到一处后实际活动的中心区域仅 1.1 平方千米。雌性大熊猫"雪雪"每年 11 月至次年 3 月的冬季在低山坡以糙花箭竹和青川箭竹的枝叶为食,其活动范围仅 1.3 平方千米,并常在其中很小的区域内移动;但到夏季,便向东南方向较高的山脊转移,采食未开花的缺苞箭竹,其活动范围达 30 平方千米。

> 用望远镜观察大熊猫的活动。

"西西"为雌性大熊猫，放归后，它似乎知道北路河下游是它被豺袭击的地方，便一直沿河谷上行到了河源山脊而最终死去。故它虽也戴上了无线电颈圈，但获得的信号却很少，我们在最西端接近平武县的界山发现了它的尸体。

白熊坪的大熊猫在冬季每天的活动率平均为52%，比五一棚平均为58%稍低。这与它们在冬季以采食竹子枝叶为主有关，它们每天会少花一些时间用于采食。两个观察站的大熊猫活动的高峰期和低谷期接近，但低谷期大熊猫休息的时间白熊坪比五一棚稍长，白熊坪的大熊猫每天除采食、转移和休息外，还会平均花约1小时在玩耍和修饰上。

白熊坪大熊猫的发情期为3月下旬至5月上旬，以4月中旬最多，这与气候有关。早春的气温较常年偏高，发情期就提前到3月下旬；气温偏低则会延后至5月下旬。大熊猫的求偶期不长，天气晴朗时3~5天。一般是一对，环境好的栖息地有2~3只雄性大熊猫尾随1只雌性大熊猫，雄性大熊猫间通过激烈争斗，优胜者获得交配权，然后又各自过着独栖的生活。

白熊坪大熊猫的发情期基本上与五一棚观察站的相似，但产仔洞穴与五一棚的不同。白熊坪的大熊猫多将大树基部粗大的根间空隙处稍做加工作为产仔穴，或寻找岩石穴，然后衔些树枝、竹枝做铺垫而成产仔窝，而不像五一棚的大熊猫，产仔多在古树的树洞。这与白熊坪大熊猫产仔时所在地方缺少古老的冷杉树而多为铁杉和华山松与落叶阔叶混交林带有关，加上白熊坪岩石多、山势陡，石岩穴和岩边大树根系的空穴大，容易找寻。

白熊坪的大熊猫每胎一般产 1 仔。1974 年，伐木场的工人见到有一只大熊猫妈妈带着 2 仔。也有人在夏季见到大熊猫妈妈带着幼仔，推测为秋季发情冬季产仔。这些都是个例。与五一棚的大熊猫一样，白熊坪的大熊猫通常是 9 月初产仔，半年以后即次年春天才开始带着幼仔外出活动。

白熊坪大熊猫的天敌主要是豺，而五一棚大熊猫的天敌主要是豹。同域分布的动物以羚牛最多，以致它们在空间上排挤了大熊猫，造成大熊猫外移和数量上有相应减少的趋势。

**大熊猫的孕期与产仔**

大熊猫于春季发情交配，到秋季才产仔，妊娠期约 5 个月，但产下的幼仔很小，体重 36~296 克，平均约 100 克。从其他相似的动物看，雌兽孕育这么大一个胎儿只需 45 天的妊娠期，这说明大熊猫在受孕以后胚胎有延迟着床的现象。从产出的幼仔大小看，最小的可能延迟了 4 个月，最大的最少也延迟了 1 个多月。这种延迟着床的现象，是对环境的适应。春季交配后正值大熊猫以竹笋为主要食物，竹笋可口、营养，有利于妊娠；秋季为竹子新枝嫩叶的萌发期，蛋白质含量高，有利于哺乳幼仔。

大熊猫产仔前要寻找树洞或石洞、石穴，搬一些枝叶、木屑做铺垫，然后产仔。洞穴内的小气候较稳定和安静，有利于育幼。大熊猫每胎一般产 1 仔，在野外也有一胎产 2 仔并存活的例子。

# 第十四章

# 凉山马边大风顶观察站

为了深入了解不同山系以及南北对照大熊猫的现状和生活情况，我们向四川省林业厅提出在马边大风顶自然保护区组建第三个大熊猫观察站，获得了他们的批准和 1 万元的建站资助费。

> 看看还有机会吗？

1985 年，我们与世界自然基金会的合作基本结束，夏勒夫妇回到美国，我在卧龙保护区大熊猫研究中心的兼职工作也结束了，重新回到学校从事研究生教学工作，并带领研究生们继续进行大熊猫的研究。

1991—1993 年，我带领研究生杨光、韦毅、王维和周材权等在凉山马边新建的观察站做观察研究。由于研究经费有限，我们无力购买无线电遥控监测器材，又回到了 20 世纪 70 年代用两条腿追踪大熊猫的岁月。

1991 年 3 月，冰河解冻、大地回春，我带着助手魏辅文奔赴凉山。他在读研期间正赶上我们与世界自然基金会合作，因此他的毕业论文与大熊猫有关，毕业后还随我往返于五一棚和白熊坪两个观察站之间。魏辅文很聪明，思维敏捷，勤奋好学。1994 年他考入中国科学院动物研究所攻读博士，毕业后留在了中国科学院动物研究所。现在他已是中国科学院院士、首席研究员、博士生导师，带领研究生继续研究大熊猫与小熊猫，并取得了突出的成绩。我们到了马边以后，直接到保护区。因为我是第三次到这里，对这里的工作人员很熟悉。我邀请了曾在五一棚学习工作过的吉林知哈和秦健两个人参加我们观察站的工作。

我们和吉林知哈等一起研究，决定将观察站选定在保护区的白家湾乡暴风坪丝切拉打，研究区域包括采马拉达、小姑拉达以及堡山埃等地，面积约24平方千米。

我们在吉林知哈的带领下，经过一整天的陡坡跋涉，来到了白别依皆一个拟建磷矿厂的工棚里，并向他们要了两间用篾席隔成的房间作为我们筹备建站的临时住处。次日我们着手找寻站址，最后选定在距这个工棚500米的沟旁一块平缓地带修建观察站。站址选定后，我们连续几天辐射状地查看了几个山谷，以便确定观察站的研究范围和观察路线。这里的3月还是严寒的冬季，气温很低，雨多雾大，随时都有可能下雪。一天我和吉林知哈上山，山上的积雪已是深可及膝，到了山脊，又突然遇上暴风雪

> 马边大风顶观察站（左二为魏辅文）。

> 考察途中。

袭击，浓雾弥漫。我们又想多看一些山谷，不想从原路返回，结果由于大雾笼罩，熟知山路的吉林知哈也迷了路，两个多小时过去了，我们始终找不到返回的另一条路。我开始意识到继续走下去的危险性，如此下去到了天黑，饥寒交迫非冻死在山上不可。于是我果断地做出决定：寻找来时走出的雪踪，循原路返回尚不为迟。最初吉林知哈坚持要找新路以便快速返回，我极力反对，因为我们已经迷失了方向，不可能找到捷径。

宁愿多走些路，总能活着回去。他看到我的态度很坚决，最后依从了我。当我们终于回到住地时，我的双腿已经冻僵了，一到工棚就躺在床上，无力脱去湿裤和湿鞋，还是由魏辅文用力帮我拉脱布袜和湿裤，脱了一身湿衣，暖和了很久才恢复体力。

接着由吉林知哈下山组织人力，搬运建筑材料，修建观察站。在平整场地时，凡是乔木一律保留。我们用铁丝捆绑未经加工的原木，以篾席避风，外加一层大熊猫不爱吃的刺竹子的竹茎作为修饰。屋顶呈锐角三角形，很陡，先盖一层牛毛毡防雨，再加一层竹茎，使整个观察站融入于林海之中。除有男女宿舍和工作间外，在近处的林中，另有厕所和观测气候的简易棚。我们迁入以后，在门旁还特地挂上了"马边大风顶观察站"的牌子。

观察站的地名叫涡牧挖皆，海拔 1900 米，在一片常绿阔叶林中，观察的面积约为 25 平方千米，最高处在大风顶，海拔 4042 米。观察站域内山势陡峻、山高路险、山峦重叠、沟谷相连，我们开辟了 7 条观察路线。

研究区域位于大风顶的东麓，域内包括日别依皆和黑罗罗两条沟系，各支沟辐射于整个山谷。研究区域内不同海拔有不同的植被类型，不同类型的林下生长着不同的竹类，为大熊猫提供了比北方岷山和邛崃山更多的食物资源。

海拔 2000 米以下的常绿阔叶林下主要生长着刺竹子，每年 8—9 月发笋。这种竹子曾于 1983 年开花，目前仅在沟谷残留有小部分。每年 3 月会有个别大熊猫下移采食其竹叶，8—9 月采食其竹笋。

海拔 2000～2400 米为常绿落叶阔叶混交林，林下有大面积的箬竹和

> 气象站。

> 雪地追踪。

大叶筇竹，每年 4—5 月发笋，为大熊猫提供了一年的主要食物。

海拔 2400~2800 米为针阔叶混交林，林下有白背玉山竹和八月竹。白背玉山竹在 5 月发笋，八月竹和刺竹子一样，在 8—9 月发笋。但它们已在开花，大熊猫秋季多在这一带采食。

海拔 2800~3700 米为针叶林，下段仍有白背玉山竹和八月竹，此外，还逐渐出现了冷箭竹，夏季大熊猫逐渐上移到这一带。

1992 年 3 月上中旬，我们在研究区域内发现有大熊猫冬季活动的痕迹，它们大部分是在海拔 2100~2400 米的大叶筇竹林里。在刺竹子林中，仅在海拔 1920 米处发现有两处大熊猫留下的采食痕迹与零星粪便，而在大面积范围内没有发现足迹，说明冬季大熊猫主要在大叶筇竹林内采食。同时我们上到海拔 2500 米以上的白背玉山竹林中进行调查，也未发现大熊猫冬季在这一带活动的痕迹。冬季这一带积雪很厚，气温很低，故在雪被上未留下大熊猫的任何痕迹。

3 月，山谷的积雪开始融化，4 月下旬仅在海拔 2700 米以上还有少量积雪。这时大熊猫活动的痕迹逐渐扩大并向高海拔地区扩散，少部分个体甚至进入白背玉山竹林。1992年4月13日，我们第一次在古努坡惹南坡的白背玉山竹林内发现了大熊猫活动的痕迹。

5月初，大叶筇竹开始发笋，但由于此时大量的居民在大叶筇竹的下部林区采笋，所以大熊猫的活动范围主要在海拔2400米以上。5月下旬，群众性的采笋活动受到禁止后，大熊猫才从高海拔地带迅速下移。我们第一次发现大熊猫采食大叶筇竹是在1992年5月22日，位于依皆湾海拔2610米处。之后，一直到6月下旬，大熊猫在大叶筇竹林内采食竹笋后留下的活动痕迹随处可见，甚至是大叶筇竹林分布的最低下线黑罗罗沟海拔2160米处。

6月下旬以后，大叶筇竹林内大熊猫活动的痕迹逐渐减少，而白背玉山竹林内大熊猫的活动痕迹逐渐增多。至7月上旬，能在大叶筇竹和白背玉山竹的过渡地带发现食用大叶筇竹茎和叶的大熊猫的粪便。8月下旬以后，大熊猫已全部集中在海拔2500米以上的白背玉山竹林内。

9月下旬至10月上旬，八月竹和低山的刺竹子林开始发笋，此时有少数大熊猫个体向下移动，由到八月竹林中采食竹笋，变为逐渐穿过大叶筇竹转至刺竹子林中采食竹笋。1992年9月28日，我们在涡皆湾海拔2420~2480米处发现1只大熊猫独自下移穿过大叶筇竹林时留下的采食刺竹子的粪便。10月13日，我们又在古努坡惹发现1只大熊猫沿着山脊下行时留下的痕迹。10月15日，我们第一次在同一山脊的海拔2000米处发现大熊猫采食刺竹子竹笋时留下的粪团。由粪团大小和咬节长度判断，与10月13日发现的为同一个体。

10月下旬，高海拔的冷箭竹、白背玉山竹逐渐地由高至低被厚厚的积雪所覆盖，大熊猫开始因雪增厚而下移至海拔2400米以下的大叶筇竹林和刺竹子林。这些地方就成为大熊猫度过严冬的庇护所。

大风顶观察站的大熊猫垂直活动规律较五一棚观察站更明显，比白熊坪观察站更复杂。大熊猫不仅在不同季节做垂直迁移，而且对竹子的竹笋、竹茎和竹叶也有自己的选择。

研究区域内的筇竹、大叶筇竹、刺竹子、八月竹和白背玉山竹的竹笋大熊猫都爱采食，而高山的冷箭竹竹笋因为太细，它们从不采食，即便到冬季竹笋长成较高的老笋，它们也因积雪太深而不去采食，这与五一棚明显不同。5—9月，它们常往返于竹林间采食竹笋，但由于竹笋（除白背玉山竹竹笋外）是当地彝族居民经济收入之一，每年彝族居民均要上山采笋，春秋两季各持续一个月，大熊猫常因人为干扰而推迟采食竹笋的时间。它们采食竹笋时与五一棚的大熊猫一样也要剥弃竹笋的箨壳，仅食壳内的白色笋肉。而且对竹笋的粗细也有要求，对筇竹、大叶筇竹、八月竹和刺竹子，它们选择近地基径在15毫米以上的粗笋，15毫米以下的竹笋较细则不采食；对白背玉山竹的竹笋，主要选食基径在16毫米以上的粗笋，偶食以下部分，至12毫米拒食。由此可见，它们对竹笋的要求比五一棚和白熊坪的大熊猫高，这与当地的竹类多、竹径粗有关，符合它们最优觅食以获取最大能量的采食习惯。

它们对竹茎的粗细也有选择，但没有像挑选竹笋那样严格。它们喜欢采食中段直径为10毫米的竹茎，一般不采食直径小于10毫米或大于12毫米的竹茎；它们也一般不挑选老龄竹，而是喜爱青绿年幼的竹子，以获得相对较多的营养物质。

竹叶是竹株中含营养物质最多的器官，它们利用太阳能进行光合作用，成为能量获取的源泉。研究区域内的筇竹和大叶筇竹四季常青，大熊猫喜欢选食这两种竹子的竹叶。特别是秋季新枝幼叶初发，严冬和初春严寒季节更需要优质食物，它们对这两种竹子的竹叶特别青睐。

这里的大熊猫采食竹笋和竹茎的方法与其他地方的大熊猫不同。它们常把竹笋和竹茎搬到一处较平缓的地方坐着加工，剥弃的箨壳、竹节和竹青常堆积成堆，堆的大小与坡的陡度有关。这种行为我们在邛崃山和岷山都没有见过，在这里可能与山势太陡有关。聪明的大熊猫从采食的经验中获得：就近搬运到平缓的地方加工会省下力气，少耗能量，逐代相传而成为地方性的行为特点。为此，我们曾做过一次实验，先将 50 株竹子砍断，然后仿照大熊猫搬到一处，集中处理比分散处理要少花费时间。

这里的大熊猫日食量为 21.36 千克，秋季以采食竹叶为主，食量为 17.37 千克，比卧龙五一棚和白熊坪大熊猫的日食量都大，可能与这里的竹子含水量较高、山陡消耗能量较多有关。

这里的竹种多、纬度偏南、湿度大，竹叶能保持终年常绿，故这里大熊猫所食食物中叶、茎、笋的比例为 71：19：10；而唐家河白熊坪纬度偏北，湿度相对较低，大熊猫所食食物中叶、茎、笋的比例为 50：43：7。从这个比例可以看出，这里营养价值最高的竹叶和可口性最好的竹笋都比白熊坪多。尤其是秋季，大熊猫都在笐竹林里，其所食食物中叶、茎、笋的比例为 81：11：8，因此，这里的大熊猫比其他各山系的大熊猫营养状况更好。由此不难理解，这里虽是大熊猫分布的最南端，但比分布在北边岷山白熊坪的大熊猫体形更大，从营养的角度看不无道理。同时这里竹种多，虽然刺竹子曾于 1983 年开花，1990 年又遇八月竹开花，但对大熊猫

> 白背玉山竹。

> 开花的八月竹。

> 期待。

并无影响。这里成了大熊猫的"天府之国"。

经调查确定：研究区域内共有大熊猫8只，整个保护区有大熊猫36只。大熊猫的出生率与死亡率相等，青年组略少于成年组，基本上符合大熊猫种群发展的一般规律。

目前凉山山系已有黑竹沟、美姑大风顶、马边大风顶、马鞍山、老君山、麻咪泽、申果庄、八月林、芹菜坪9个保护区，野生大熊猫在凉山山系的分布范围包括峨边彝族自治县、美姑县、雷波县、马边彝族自治县、甘洛县、越西县、屏山县、沐川县等8个县（区）的36个乡镇。野生大熊猫主要分布在凉山山系的中部，即甘洛县、峨边彝族自治县、美姑县3县交界区域。峨边彝族自治县是野生大熊猫种群数量最大的区域，沐川县的野生大熊猫种群数量最小。根据全国第三次大熊猫调查和第四次大熊猫调查，凉山山系的栖息地面积分别为2204.12平方千米和3023.69平方千米，大熊猫的数量分别为115只和124只。第四次调查与第三次调查相比，大熊猫栖息地面积的增长率为37.2%，大熊猫数量的增长率为7.8%，美姑大风顶是大熊猫栖息地面积增长最多的自然保护区。

### 现今大熊猫的分布与数量

根据 2015 年发布的全国第四次大熊猫调查结果，大熊猫的分布与数量如下：

秦岭大熊猫分布在陕西省 8 个县、四川省青川县、甘肃省武都区共计 10 个县（区）境内，有大熊猫 347 只，占全国大熊猫总量的 18.6%，现有佛坪等保护区 18 个。

岷山大熊猫分布在甘肃省 3 个县和四川省 11 个县，共计 14 个县（市）72 个乡镇，有大熊猫 797 只，占全国大熊猫总量的 42.8%，现有白水江、唐家河等 27 个保护区。

邛崃山大熊猫分布在四川省 12 个县（市）47 个乡镇，有大熊猫 528 只，占全国总量的 28.3%，现有卧龙等 7 个保护区。

大小相岭大熊猫分布在四川省 8 个县 16 个乡镇，有大熊猫 68 只，占全国总量的 3.6%，现有栗子坪等 6 个保护区。

凉山大熊猫分布在四川省 8 个县（区）36 个乡镇，有大熊猫 124 只，占全国总量的 6.7%，现有申果庄等 9 个保护区。

全国大熊猫分布在 3 个省 66 县（市区）196 个乡镇，共有 1864 只大熊猫。67 个保护区的面积达 33562.05 平方千米，占大熊猫栖息地的 53.8%，有效地保护了 60.0% 以上的大熊猫。

第十五章

# 相岭冶勒观察站

　　我们已经从北到南建立了白熊坪、五一棚、大风顶 3 个大熊猫观察站。1994 年，我们决定在大熊猫分布的最西边——小相岭建立一个观察站，这个计划得到了国家自然科学基金的资助。

　　相岭包括大相岭和小相岭。大相岭山系的野生大熊猫分为大相岭 A（新庙）、大相岭 B（泡草湾）、大相岭 C（二峨山）3 个局域种群，其中大相岭 A（新庙）局域种群分布在荥经县与汉源县境内，主要分布在荥经县至牛背山公路以南、国道 108 线泥巴山段以西的区域，涉及大相岭保护区；大相岭 B（泡草湾）局域种群分布在荥经县、汉源县、洪雅县、峨眉山市和金口河区境内，主要分布在国道 108 线泥巴山段以东、大相岭山脊以北、省道 306 线峨边至峨眉山段以西的区域，涉及大相岭和瓦屋山保护区；大相岭 C（二峨山）局城种群分布在峨眉山市与沙湾区境内，位于沙湾城区以西的二峨山，为孤立的野生大熊猫分布区。大相岭山系最大的局域种群是大相岭 B（泡草湾）局域种群，由 32 只野生大熊猫组成；最小的局域种群是大相岭 C（二峨山）局域种群，仅有 2 只野生大熊猫。

　　大相岭山系的局域种群中隔离程度最高的是大相岭 C（二峨山）局域种群与大相岭 B（泡草湾）局域种群，与最近的局域种群之间的直线距离为 20.43 千米，此处海拔较低，且有省道 306 线通过，农业区广布、路网发达，人为活动较多，不适宜大熊猫栖息。

大相岭 B（泡草湾）局域种群与大相岭 A（新庙）局域种群被国道 108 线分割，但随着雅西高速通车，绝大多数车辆从泥巴山隧道穿过大相岭，国道 108 线泥巴山段仅少量区间车还在行驶，大相岭 B（泡草湾）局域种群与大相岭 A（新庙）局域种群之间的连通性增加，本次调查发现公路两侧的大熊猫活动痕迹较全国第三次大熊猫调查时明显增加。但是这一区域的植被状况仍然较差，需要进一步开展植被恢复工作，以实现两个局域种群的高效连接。

小相岭位于大凉山和大相岭以东，邛崃山以南，为安宁河、越西河和南桠河的源头及上游，大熊猫主要分布在石棉、冕宁和九龙 3 个县的 7 个乡镇。境内从南到北有栗子坪、冶勒、湾坝和贡嘎山 4 个自然保护区，面积分别为 479.40 平方千米、242.93 平方千米、418.24 平方千米和 6724.00 平方千米，分别在上述的 3 个县境内。此地冬暖夏凉，干、湿季十分明显，年降水量在 1000 毫升左右。海拔 1900 米以下的河谷地带为稀树灌丛；海拔 1800~3200 米处为山地常绿阔叶与落叶阔叶混交林，林下筇竹、玉山竹繁茂高大；海拔 3200~3600 米处为山地暗针叶林、亚高山暗针叶林和亚高山灌丛，主要有冷箭竹和峨热竹。

小相岭山系的野生大熊猫分为小相岭 A（公益海）和小相岭 B（石灰窑）两个局域种群，其中较大的局域种群为小相岭 A（公益海）局域种群，由 21 只野生大熊猫组成，分布在石棉县、越西县、甘洛县境内，小相岭山系东部的石棉县国道 108 线以东、甘洛县和越西县尼日河以西的

区域，涉及栗子坪保护区；较小的局域种群为小相岭 B（石灰窑）局域种群，分布在石棉县、冕宁县和九龙县境内，小相岭山系西部石棉县国道 108 线以西区域，由 9 只野生大熊猫组成，涉及栗子坪、冶勒、贡嘎山保护区。

小相岭山系的大熊猫种群本身较为孤立，与大相岭山系的大熊猫种群因大渡河而分隔，与凉山大熊猫种群之间又被大范围的农业区、城镇阻隔。小相岭山系内部栖息地破碎化问题也较为严重。小相岭 A（公益海）和小相岭 B（石灰窑）这两个局域种群的栖息地之间的直线距离不到 1 千米，但雅西高速公路和 108 国道从两个局域种群之间穿过，道路两侧的植被状况较差，沿线有农田和居民区分布，隔离问题较为严重。由于栖息地破碎化和分隔，两个局域种群均面临很大的灭绝风险。西侧的小相岭 B（石灰窑）局域种群大熊猫栖息地面积较大，但由于海拔较高，分布的大熊猫数量较少；东侧的种群的大熊猫栖息地面积较小，但植被状况较好，竹子长势好，大熊猫数量相对较多。如果能加强小相岭山系两个大熊猫局域种群之间的连通性，将极大地促进整个山系大熊猫种群的稳定性。

我们所建的观察站位于小相岭的中段冕宁冶勒保护区。1994 年 3 月初，我和魏辅文先到凉山彝族自治州冕宁县林业局了解该县大熊猫的分布情况。该县共有两处地方分布着大熊猫：一处在小相岭西侧南麓的金沙江支流安宁河上游拖乌乡，另一处在小相岭西侧北麓冶勒乡。我们在林业局职工的带领下，先乘车沿安宁河行驶，到了拖乌乡，在那里看了一下大熊猫的栖息地，并见到了大熊猫留下的粪便，然后在大石镇停宿了一夜。次日步行，跋山越岭到冶勒乡与乡林业员取得联系，又宿一夜，第二天在乡林业员的引导下，到石灰窑一位彝族同胞家借住，考察该乡南北两条河及支沟的河谷和山脊。

境内河流北源发源于海拔 5299 米的则尔山，汇集了几条溪流后改称为勒丫河；南源发源于牦牛山北段的东麓的象鼻子峰，海拔 4339 米，汇集自西向东的各溪流后称为石灰窑拉达，至大坝子东侧由南转北后称为南桠河，海拔 2600 米，最后经石棉县流入大渡河。境内从北至南水平距

> 被猎杀的大熊猫（右为小罗斯福，左为猎人）。

离仅 15 千米，而相对高差达 2700 余米。山势雄伟、重峦叠嶂、河谷幽深，到南桠河后地势暂趋平缓，河流蜿蜒曲折，河漫滩、阶地发育较好，为堆积型山地。

我们观察站的研究区域设在保护区南端则尔山北段的东麓，海拔 3100 米，观察的面积为 80 平方千米。

20 世纪初，美国总统罗斯福的两个儿子西奥多和克米特就到过冶勒。小罗斯福兄弟俩从美国出发前就商定，如果在中国他们其中一个人发现大熊猫，两兄弟将同时开枪，这样他们就可以共享并列第一猎杀大熊猫的西方人的荣誉。

他们于 1928 年 3 月出发，先是到戴维神父发现大熊猫的宝兴县，猎杀了金丝猴、绿尾虹雉等奇兽珍禽，甚至还拿走了一些菩萨等庙宇文物，然后到西河企图猎杀大熊猫，被当地人赶了出去。之后他们开始从宝兴县翻过夹金山到了康定县境内，顺大渡河南下。尽管中国政府和西方教会向他们发出了警告，但他们无所畏惧地闯入彝族居住的地方。他们到了与越西县毗邻的冕宁冶勒，在当地猎人的带领下，经过几天的跟踪搜索，于 1928 年 4 月 3 日终于在雪地上发现了大熊猫的足迹。虽然那只大熊猫路过了相当长的时间之后雪才停止，但是当地猎人根据某种迹象证明足印很新鲜。他们在《追踪大熊猫》（1929 年）一书中写道："我们已经跟踪了两个半小时，来到一个开阔一些的竹丛。我猛然听到近在咫尺的地方发出嚓嚓的声响，其中一个彝族人冲向前去，他还未走到 50 码（1 码 ≈ 0.9144 米）便转身急切地挥手示意，叫我们赶快。当我们来到他跟前时，他指着一棵 30 码处的高大云杉树，树干已空，从中露出一只白熊（大熊猫）的头和前半身。它睡意蒙眬，向四周张望一阵，然后不慌不忙地走了出来，慢步踱入竹林中。特迪（西奥多）赶来，我们便同时朝那只逐渐隐去的大熊猫开了枪，我们两个人的子弹都击中了目标。它是一只漂亮的老年个体。我们经过不懈的努力才获得这样的好运……最幸运的是我俩都同时获得开枪的机会。"

他们继续写道："我们刚要安顿下来准备过夜，猛然想起伦敦动物园的 R. 波科克希望我们带回大熊猫的解剖结构。由于担心天亮前森林中的腐食动物会把剩下的东西吃掉（我们只剥了皮带回），我们虽已筋疲力尽，但还是组织了几个人，提着油灯，顺着回来时走过的路径返回现场，找回了落掉的那部分。"

他们这次除了猎杀一只大熊猫，还从猎人那里获得了一具大熊猫的标本，一起送回美国博物馆（芝加哥）向公众炫耀，引起了美国其他一些博物馆的羡慕，之后涌现出一大批到中国来猎杀大熊猫的外国人。

1994 年 3 月，魏辅文带领研究生唐平进入观察站，1995 年他又带领郭健进入观察站。他们在观察站设置了一个简易的气象观察点，每天早晨日出以前记录一次最低温度，下午 1 点半记录一次作为最高温度，并同时记录其相对湿度。尽管记录简单，但从变化趋势可以反映该地区气候的变化规律。区域内的气候特点是低温多雨，空气湿度大，日照时间短，霜降和雪日长。

境内与大熊猫争食竹子的动物较多。小熊猫以竹叶和细小的竹笋为主要食物，对大熊猫的影响不太大；野猪成群活动，拱食较多竹笋；黑熊和马熊每天歇宿的卧穴有 60% 都是用大量的竹子做铺垫，每年发笋季节，它们还要吃大量的竹笋。5月24日，我们统计了一处黑熊采食场地。在35米长、10米宽的范围内，它们抢食了大熊猫喜食的竹笋达253根。在研究区域内有个别动物不仅争食竹笋，还影响到竹子种群的发展。竹鼠是一种大型的鼠类，重达1000克，它的前爪特别强壮而尖锐，适于挖掘。它们在洞中生活，咬断地下的竹鞭，影响竹子再生竹笋。它们也吃竹茎，竹林常出现一小块一小块的死竹。还有一种昆虫叫竹毒蛾，它们对竹笋的危害不可小视。根据我们调查，6—8月有26.6%的竹笋被竹毒蛾蛀一小孔后死亡。竹毒蛾虽小，但比熊破坏竹笋更为严重，极大地影响了竹林的更新。

境内人类活动也很频繁。冶勒乡地处冕宁县最北的山区，全乡有两个村，近200户1170多人，集居在海拔2800米以下的区域，主要从事农业和牧业。人均耕地不足3亩，产量低，亩产89千克左右。草地广阔，人均草场达54.2亩。全乡有牛、羊、马、猪等牲畜6000多头。每年5—9月彝族同胞将牦牛从林区赶至海拔4000米的草甸，冬季下移到低山采食竹子的枝叶。另外，当地建造房屋还靠在山上伐木，每年5月中旬至7月初，很多人在林中安营扎寨，生火煮饭，采集大量竹笋。自从在境内发现金矿后，还要放炮开金矿。当地偷猎现象也较严重，在研究区域内常发现有各种猎套、猎铗等盗猎工具，势必对大熊猫的生存带来严重的威胁。

4月，当春风带着温暖的气流进入冶勒山谷时，山野出现勃勃生机。冰河解冻、积雪逐渐消融，植物长出新枝绿叶，鸟儿婉转鸣唱于溪流与山谷的林间，此时大熊猫主要活动于海拔2800~3000米的峨热竹林中。4月下旬，阳坡的积雪在绚烂的阳光照耀下几乎全部消融，此时大熊猫开始进入求爱的季节，活动范围明显扩大。4月26日，我们在海拔3600米的地方发现了一只发情的大熊猫在树干上留下的爪痕，以后几天没有发现它的踪迹，判断它已从这里下移到低海拔地区去寻找伴侣了。海拔2800~3000米一带正是大熊猫求爱的场所。

1994年，在马平台子一带发现金矿，1995年又在其他地方发现金矿。频繁的人类活动，加上放炮声隆隆，使大熊猫不得安宁。从5月中旬开

> 左图为峨热竹，右图为开花的峨热竹。

始，部分大熊猫被迫活动于海拔3600米一带。虽然这时低海拔地区的峨热竹已开始发笋，但由于竹林面积有限，人类的干扰又大，只有少数大熊猫下山采食。大部分大熊猫沿着山脊，穿过海拔3000~3500米已开花枯死的竹林，饿着肚皮经过漫长的跋涉才来到一片宁静的竹林。

6月上旬，高海拔的峨热竹开始大量发笋，此时大熊猫活动于海拔3500米一带采食可口清香的竹笋。随着竹笋由下而上萌发，它们也随之而上移动采食。到7月中旬，撵笋活动基本结束。大熊猫又从海拔3800米一带下移到海拔3600~3700米一带活动。此时大熊猫活动的范围很小且相对固定。这时是对它们进行数量统计的最好时机。

9月中旬，从高山到低山的峨热竹依次开始萌发秋笋，但秋笋的长势较差且量小，随之而来的便是纷飞的降雪。大熊猫秋天的撵笋活动不明显，它们下移更多是由于气温下降，积雪覆盖着竹株。个别被隔离在更高山上的大熊猫要下移躲避风雪，如在海拔3900米处采马菇的一个山坳处有大熊猫活动，但由于林带的隔离，它们不能直接下移到低海拔地

> 左图为露舌箭竹，右图为大熊猫食竹笋后排出的粪便。

区，必须先向高海拔跋涉翻过山脊进入海子沟，再从海子沟翻山进入小菇沟，才能沿着竹林向低海拔地区移动。这使我们不得不感叹这些大熊猫的无畏精神。由此可见这个观察站的大熊猫比前面 3 个观察站的大熊猫的垂直迁移距离都高，严冬季节活动的区域范围也最广。这与当地人居住地海拔高、人类活动影响大、可食竹种单一密切相关，大熊猫不得已而只能长期适应这种恶劣的环境。

　　1994 年 3—11 月，我们按月收集了它们的粪便并烘干，然后将粪便中的叶、茎、笋分别称重。分析结果显示：它们不同月份采食峨热竹的不同部位所占比例显著不同。从 11 月至次年 3 月的整个冬季，它们食用的竹叶占 41.8%，竹茎占 58.2%。4—5 月，它们特别喜欢采食竹茎；5 月下旬，它们开始吃少量的初发竹笋；6—7 月，它们几乎以新发出的竹笋为主要食物，兼食少量的竹茎；8—10 月，它们主要食物为竹叶，兼食少量当年未发枝叶的老笋。竹叶的营养价值最高，有利于大熊猫在高海拔地区度过漫长的冬季。

在追踪过程中我们还发现它们对竹子的竹龄也有选择。当它们采食竹茎时，我们对它们采食竹茎所留下的竹桩进行了统计。老笋的笋桩占 22.2%，二年生的竹桩占 28.7%，多年生的竹桩占 49.1%。经过调查，区域内每平方米竹林中老笋占 10.3%，二年生竹占 19.5%，多年生竹占 70.2%。故该地区的大熊猫在吃竹叶时，更喜欢选择二年生和多年生的竹叶。

这里的大熊猫在采食过程中总是在林中迂回呈"Z"字形穿行而形成采食场。当它们从一个采食场转移到另一个采食场时，常呈直线穿行，一边走一边采食，似乎在进行抽样采食，品尝是否可口。然后确定下一个采食场，又进行迂回曲折的采食。大熊猫采食竹茎时，常常将一定竹株高度的某一粗度的竹节咬断，说明它们对竹子有最优选择行为。从我们在野外收集的被大熊猫剥弃的竹青中可看出，它们从竹节处咬断可能与有利于先从发出枝叶的一侧剥弃竹青有关。它们只食基径为 0.9~1.5 厘米竹子中间一段长度为 60 厘米左右的部分。它们采食竹叶时，总是选择一片竹子长势好、密度适中、地势相对较平缓、离水源又近的地方。

在栖息地里，他们一般是从竹株的竹枝处咬断，从基段吃竹上段的小枝叶直到末端，似修枝一样咬齐。当坡度较大而竹株又高时，它们则用前掌抓住一株或数株，使其弯曲或梢端互相缠绕后才咬竹叶或竹枝端。对于竹笋，它们只吃中部 20~30 厘米长的一段，而且只吃包在箨壳内白而较嫩的部分。

我们根据全年追踪和结合有利季节的统计数量，确定冶勒自然保护区内共有大熊猫 8 只。在保护区外检查站附近有

1只成年大熊猫，又在太阳沟发现1只成年大熊猫并带有1仔。这两只大熊猫及幼仔虽在保护区外，但它们可以互相联系交流。

全国第三次大熊猫调查结果显示，冶勒自然保护区内分布有野生大熊猫9只。之后，我们在保护区开展了多年的大熊猫野外监测巡护工作，2004年，我们曾在保护区东面的玉儿坪发现了大熊猫幼体的粪便。2010年11月，保护区工作人员用红外相机在冶勒牛场沟拍摄到了大熊猫成年个体的照片。但全国第四次大熊猫调查结果显示，保护区内的大熊猫数量为2只，在10个野生大熊猫数量减少的保护区内，减少率排第三。保护区内的生境条件基本一致，在保护区内除放牧活动较为频繁外，其他人为干扰相对较少。保护区内的放牧牲畜主要来自冶勒乡和邻近保护区的九龙县和石棉县，放养的牲畜主要是牦牛和羊。放牧干扰可能是该地野生大熊猫数量减少的原因之一。

我们只有认真贯彻党中央保护天然林、退耕还林的决定，以及在大熊猫栖息地增建保护区和营建绿色廊道，使六块相分隔的大熊猫栖息地连为一个整体，增进大熊猫间的互相交流，提高基因杂合率，小相岭大熊猫种群才会有希望和未来。

**大熊猫的幼仔及其发育**

初生的大熊猫幼仔很小，2006年成都动物园一只大熊猫幼仔出生时仅有51克，在人工的辅助下存活下来并取名为"51"。初生的大熊猫幼仔一般为母体体重的1/933。

初生的大熊猫幼仔实际上是个早产儿，发育不完全，两眼闭着，不能爬行，全身粉红，仅有稀疏的白毛，但尾巴却很长。体长15~17厘米；足长2.2~2.5厘米；尾长4.5~5.2厘米，为体长的30%，说明它们的祖先为长尾。

大熊猫幼仔出生后开始进入冬季，发育也缓慢，在洞中经过5个月的发育才能活动，6个月时开始出洞学着吃竹叶并可以爬到树上晒太阳以促进生长，11个月才断奶并学着吃竹笋，1岁半体重增长到30千克左右，离开母亲独立生活。

# APPENDIX

## 附录

# 大熊猫大事记

1.627 年, 唐太宗李世民曾在丹霄殿以珍贵的貊皮赐赏 14 个开国功臣。

2.685 年 10 月 22 日, 女皇武则天曾将一对白熊活体和 70 张白熊毛皮作为大唐国礼送给日本天武天皇。

3.1825 年, 法国动物学家 G. 居维叶的儿子 F.G. 居维叶在喜马拉雅山发现了小熊猫, 世界上第一次出现了熊猫这个动物学名称。

4.1869 年 3 月, 法国传教士戴维神父在四川省宝兴县发现了大熊猫, 把它命名为黑白熊 (*Ursus melanoleucus*)。

5.1870 年, 巴黎自然博物馆馆长米尔恩·爱德华兹对戴维所命名的黑白熊的皮和骨骼进行研究后, 将它重新命名为 *Ailuropoda melauoleua* (意为与小熊猫脚相似的兽)。

6.1898 年, 英国大英博物馆主任兰克斯特 (Lamkester) 研究了保存于该馆的两只大熊猫标本 (皮和骨骼), 认为大熊猫接近于浣熊, 与小熊猫更为接近。从此大熊猫在大英博物馆的展出名称由花熊改为猫熊, 1938 年以后则改称熊猫。

7. 1953 年 9 月，美国芝加哥动物园的"美兰"死亡后，西方世界自 1936 年以来从中国获得的 14 只活体大熊猫全部死亡。

8. 1957 年 5 月，苏联最高苏维埃主席团主席伏罗希洛夫访华，我国政府以国礼将"平平"和"安安"赠送给苏联，这两只大熊猫在莫斯科国家动物园展出。

9. 1961 年，世界自然基金会成立并决定以大熊猫作为该组织的会旗和会徽。

10. 1963 年，我国开始建立卧龙、王朗、白河和喇叭河等大熊猫保护区，迄今已发展到 67 个保护区，形成了秦岭、岷山、邛崃山、相岭和凉山等五大山系保护区网，使我国大部分大熊猫得到了有效的保护。

11. 1963 年 9 月，大熊猫第一次在动物园繁殖成功，雌性大熊猫"莉莉"在北京动物园产下了"明明"。1978 年北京动物园人工授精大熊猫首次繁殖成功。

12. 1965—1980 年，我国给友好邻邦朝鲜先后送去"三星""丹丹"和"林林"等 5 只大熊猫。

13. 1972 年，美国总统尼克松访华，我国以国礼赠送给美国人民一对大熊猫"玲玲"和"兴兴"。

14. 1972 年 9 月，日本首相田中角荣率日本政府代表团来北京进行建交谈判，我国馈赠日本一对大熊猫"兰兰"和"康康"。

15. 1973 年 9 月，法国总统蓬皮杜访华，我国以大熊猫"黎黎"和"燕燕"为国礼赠送给法国人民。

16. 1974 年 6 月，英国首相希思访问中国，我国赠送给英国一对大熊猫"佳佳"和"晶晶"。

17.1975 年，因 1974 年岷山山系的缺苞箭竹大面积开花，有 138 具大熊猫的尸体被发现。

18.1974—1977 年，四川、陕西、甘肃 3 省开始对大熊猫等珍贵动物进行第一次调查，结果表明有大熊猫 2400 多只。

19.1975 年，我国赠送给墨西哥一对大熊猫"贝贝"和"迎迎"。

20.1978 年，西华师范大学（原南充师范学院）在卧龙保护区建立了"五一棚大熊猫生态观察站"，对大熊猫进行生态观察。

21.1978 年，为纪念中国和西班牙建交 5 周年，我国送给西班牙一对大熊猫"绍绍"和"强强"。

22.1979 年，相关人员在卧龙自然保护区英雄沟开始饲养大熊猫，以后迁到核桃坪，截至 2007 年饲养了 128 只大熊猫，为全国最大的饲养种群。

23.1980 年，我国开始和世界自然基金会在卧龙合作研究保护大熊猫，并于 1981 年成立了保护大熊猫研究中心。

24.1983 年，国务院批准在四川省青川县唐家河国家级自然保护区成立了白熊坪大熊猫生态观察站，与卧龙五一棚观察站的大熊猫进行对比研究。

25.1983 年，邛崃山系的冷箭竹大面积开花，林业部向国务院呈送关于抢救大熊猫的紧急报告，经全力抢救，1983—1988 年仍在野外发现大熊猫尸体 108 具。

26.1985—1988 年，在四川、陕西和甘肃 3 省开展了全国第二次大熊猫调查，经统计，全国野生大熊猫共有 1100 只。

27.1987 年，由陕西动物研究所负责组织有关人员在凉山建立马边大风顶大熊猫生态观察站，与卧龙五一棚和唐家河白熊坪的大熊猫进行对比研究。

28.1989 年，中华人民共和国与世界自然基金会联合编制了《中国大熊猫及其栖息地保护管理计划》，1992 年经国务院批准，国家计划委员会立项，启动了"中国保护大熊猫及其栖息地工程"。

29.1990 年，成都动物园首次育活了大熊猫"庆庆"所产的双胞胎（之前只能育活 1 仔）。

30.1993 年，西华师范大学（原南充师范学院）在相岭山系冕宁县冶勒自然保护区建立了相岭冶勒大熊猫生态观察站，与邛崃山、岷山、凉山等山系的大熊猫进行对比研究。

31.1993 年，我国开始以出租的形式与国外合作研究大熊猫，期限为 10 年，每年租金 100 万美元，繁殖成功增加 20 万美元，所产幼仔的所有权属中国。出租的所得用于大熊猫栖息工程、新建大熊猫保护区、科研等与保护大熊猫有关的活动。

32.1999 年 3 月，中央政府赠送给香港特别行政区一对大熊猫，2007 年为庆祝香港回归十周年又赠送了一对大熊猫。

33.1999—2003 年，全国第三次大熊猫调查结果显示，我国野外大熊猫共有 1596 只。

34.2004 年，国家林业局召开了全国大熊猫保护管理工作会议，坚持以就地保护为主、易地保护为辅。会议确定以中国保护大熊猫研究中心、成都大熊猫繁殖研究基地、北京动物园和陕西珍稀动物抢救饲养中心为大熊猫人工繁殖基地。

35. 2005 年 11 月 12 日，大熊猫被选为 2008 北京奥运会吉祥物——福娃"晶晶"。

36. 2006 年 1 月 28 日，中共中央台湾工作办公室、国家林业局在中央电视台春节联欢晚会上向全世界公布赠送给台湾地区两只大熊猫的乳名为"团团"和"圆圆"。

37. 2008 年 5 月 12 日，四川省阿坝州汶川县发生里氏 8 级地震，卧龙研究中心繁育场基础设施受到严重破坏，大熊猫栖息地也受到部分毁坏。

38. 2009 年，全球最大的大熊猫人工繁育机构、中国保护大熊猫研究中心开始大熊猫"优生优育"工作，严格控制大熊猫繁育的数量，重点提升大熊猫以其基因多样性为代表的种群质量。

39. 2010 年，全球大熊猫人工繁育取得了历史性突破，种群数量达到 312 只，超过了预估的人工圈养种群数量为 300 只的目标。

40. 2011—2014 年，全国第四次大熊猫调查结果显示，全国野生大熊猫总数为 1864 只。

41. 2015 年，人工繁育的大熊猫"华姣"在四川省栗子坪自然保护区被放归自然。中国大熊猫保护研究中心在四川卧龙正式挂牌成立。

42. 2016 年，世界自然保护联盟（IUCN）在美国夏威夷宣布，中国"国宝"大熊猫将不再被列为濒危物种，其受威胁等级从"濒危"降为"易危"。

43. 2017 年，圈养大熊猫"草草"与野生大熊猫实现自然交配，标志着全球范围内大熊猫首次野外引种试验取得初步成效，同时也是我国大熊猫繁育科研工作的一次重大突破。